U0086915

秒懂PPT

實戰技巧×特效運用×創意設計

序

這是一本適合「碎片化」學習的職場技能書。

市面上多數職場類書籍的內容偏系統化、學術化，不太適合職場新人「碎片化」學習。對於急需提高職場技能的職場新人而言，並沒有很多「完整」的時間去學習、思考、記筆記，他們更需要的是可以隨用隨查、快速解決問題的「字典型」辦公技能書。

為了滿足職場新人的工作需求，我們編寫了本書，解答職場人關心的痛點。希望能讓讀者無須投入過多的時間思考、理解，翻開書就可以快速查閱，及時解決工作中遇到的問題，真正做到「秒懂」。

本書秉持著「讓工作變得輕鬆有效率」的編寫宗旨，根據職場新人辦公應用 PPT 的「剛性需求」來設計內容。本書在提供解決方案的同時，也全面呈現軟體的主要功能和技巧，讓讀者在解決問題的過程中，不僅知其然，還知其所以然。

因此，本書在撰寫時遵循了以下兩個原則。

內容實用：為了確保內容的實用性，書中所列技巧大多來自真實的應用場景，匯集了職場新人最關心的問題。同時，為了讓本書更實用，我們還查閱了網路上流傳的各種熱門技巧，並擇要收錄。

查閱方便：為了方便讀者查詢，我們將收錄的技巧分門別類，並以問答形式設計目錄標題，既介紹了相關知識，也呈現了其應用場景，讓讀者看到標題的瞬間就知道對應的知識可以解決什麼問題。

我們希望本書能夠滿足讀者的「碎片化」學習需求，幫助他們及時解決工作中遇到的問題。希望這本書能得到讀者發自內心的喜愛及口碑推薦。

我們將精益求精，與讀者一起進步。

Part 1

PPT 高效操作

Chapter 1 PPT 的高效操作技巧

Chapter 2 PPT 的素材資源

Part

2 PPT 的實用技巧

Chapter 3 PPT 必備的實用操作

Chapter 4 PPT 的職場實戰運用

Part 3 PPT 酷炫特效

Chapter 5 PPT 的酷炫文字特效

Chapter 6 PPT 的酷炫動畫特效

PPT 創意設計

Chapter 7 PPT 的創意應用

Chapter 8 PPT 的創意設計

Part 1

PPT 高效操作

天下武功唯快不破，所謂的 PPT 高手並不僅在於他能做出酷炫的 PPT，更在於他能用較少的時間設計出高品質的 PPT，其中的關鍵就是他掌握了高效率的操作技巧。本章主要講解能讓讀者快速跨入 PPT 高手門檻的高效操作。

Chapter

1

PPT 的高效操作技巧

本章主要介紹如何下載、安裝 PPT 軟體，以及不同格式檔案之間的快速轉換，還有批次化處理操作。

01 如何將 PPT 檔轉換成 Word 檔？

02 如何將 Word 檔轉換成 PPT 檔？

03 如何將 PDF 轉換成 PPT ？

04 如何在 PPT 中批次插入多張圖片？

05 如何快速取出 PPT 中的所有圖片？

06 PPT 如何快速更改主題色彩？

07 如何快速統一 PPT 中不一致的字型？

08 如何在 PPT 的每一頁批次加上 Logo ？

09 PPT 中如何快速複製格式？

10 如何用 SmartArt 快速編排文字？

11 如何用圖片版面配置快速美化封面？

Chapter 01

01 如何將 PPT 檔轉換成 Word 檔？

製作好一份 PPT 檔案後，如果想把裡面所有文字都擷取到 Word 文件中，你會怎麼做？難道要一頁一頁複製、貼上內容嗎？

如果在製作 PPT 時，使用了投影片母片中內建的版面配置，就可以輕鬆完成擷取文字的工作。

1 在【檔案】頁籤中選擇【匯出】，在右側介面中選擇【建立講義】→【建立講義】。

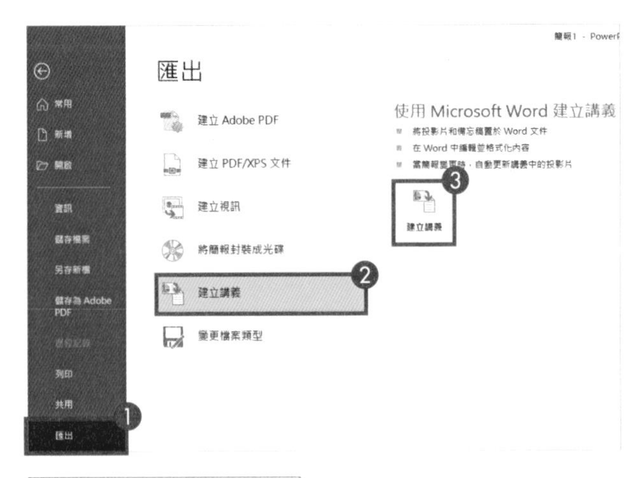

2 在彈出的【傳送至 Microsoft Word】對話方塊中選擇【只有大綱】，按一下【確定】按鈕。

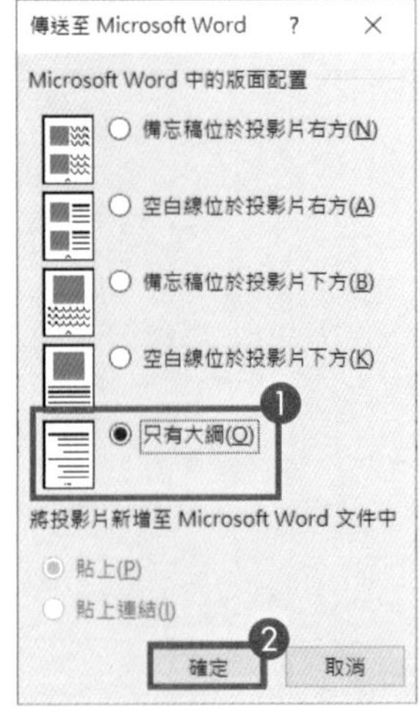

透過以上操作就可以將 PPT 中的文字擷取出來了。

Chapter 01

02 如何將 Word 檔轉換成 PPT 檔？

一般在正式製作 PPT 之前，都要準備好 Word 文字稿。但是有很多人不知道要將 Word 檔裡面的文字轉移到 PPT 中，不用複製、貼上也可以快速搞定。

想要將 Word 檔快速轉換成 PPT 檔，請依下列方式為文字段落套用對應的標題樣式。

Word 內容	PPT 內容
標題、標題 1 樣式	投影片的標題版面配置區
標題 2- 標題 9 樣式	投影片的內容版面配置區
內文樣式	不匯入投影片
·標題 1 樣式的標題 ·標題 2 樣式的標題 ·樣式 3 樣式的內容 內文樣式的內容	標題1樣式的標題 • 標題2樣式的標題 • 樣式3樣式的內容

轉換前，我們需要將命令加入快速存取工具列中。

1 按一下 Word【快速存取工具列】最右側的下拉按鈕，在功能表中選擇【其他命令】。

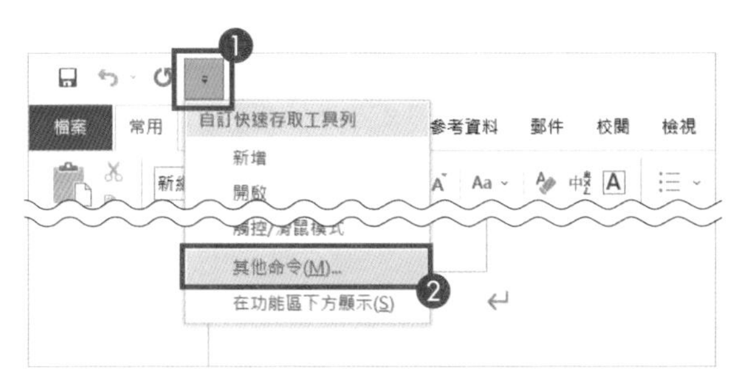

2 將【由此選擇命令】預設的【常用命令】改為【不在功能區的命令】，從下方命令列表中找到並選取【傳送到 Microsoft PowerPoint】。

3 按一下【新增】按鈕，將命令加入到右側的自訂快速存取工具列列表中，按一下【確定】按鈕，完成新增命令的操作。

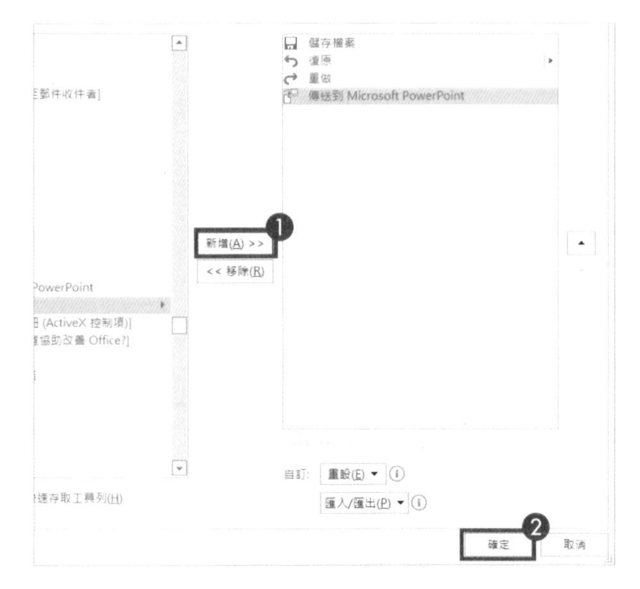

4 在 Word 設定完各個段落的樣式之後，選擇【傳送到 Microsoft PowerPoint】，電腦就會按照規則產生一份 PPT 檔。

Chapter 01

03 如何將 PDF 轉換成 PPT ？

為了避免自己的 PPT 檔案在其他電腦上出現格式錯亂的問題，可以把 PPT 檔轉換成 PDF 檔。可是如果想修改內容，就得把 PDF 檔轉換成可編輯的 PPT 檔，此時該怎麼辦呢？

在 Google 搜尋名為「ilovepdf」的網站並打開。

1 按一下網站首頁中的【PDF 轉換至 PowerPoint】按鈕。

2 在打開的頁面中按一下【選擇一個 PDF 文檔】按鈕。

3 在彈出的【開啟】對話方塊中選擇需要轉換的 PDF 檔，並按一下【開啟】按鈕。

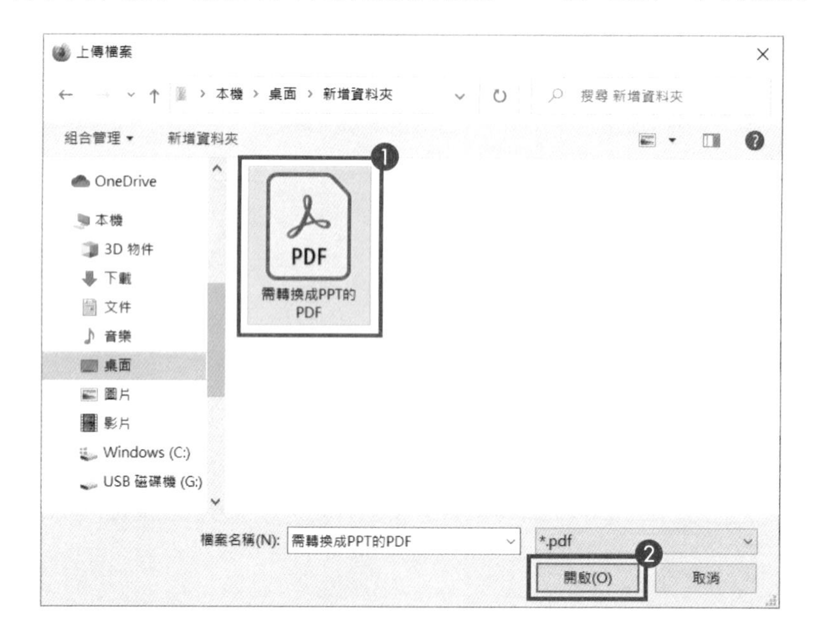

4 在打開的頁面中按一下【轉換至 PPTX】按鈕。

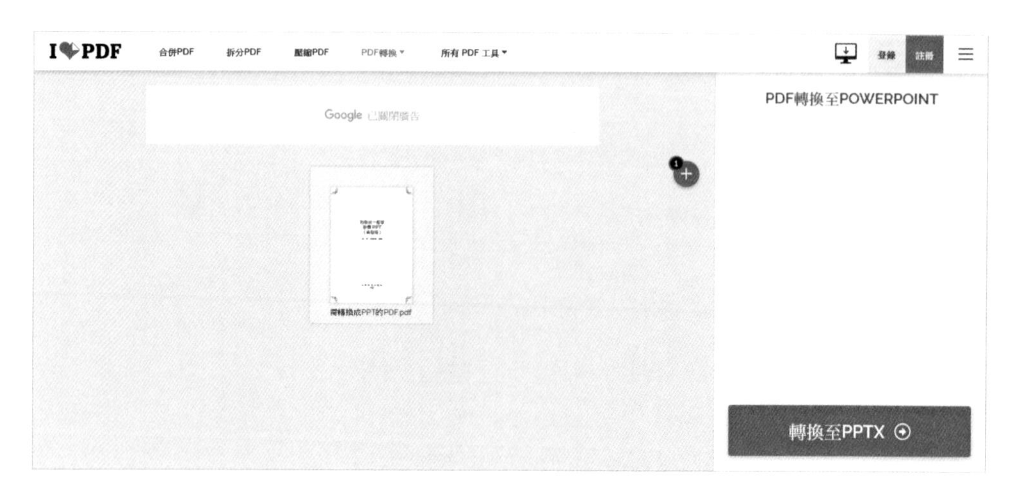

5 待檔案轉換完畢，按一下【下載 PowerPoint 文檔】按鈕即可取得轉換後的 PPT 檔。

注意

此方法適用由 PPT 檔轉換而來的 PDF 檔，若 PDF 檔是以純圖片製成，轉換後的 PPT 檔依然無法編輯。

Chapter 01

04 如何在 PPT 批次插入多張圖片？

假設要將公司的活動照片製作成一份 PPT，而且每張照片都各自存放在獨立的一頁。如果有好幾百張照片，難道只能不斷新增投影片，再複製、貼上嗎？有沒有批次操作的方式呢？

1 首先新增一個空白 PPT，在【插入】頁籤的功能區中按一下【相簿】，在彈出的功能表中選擇【新增相簿】。

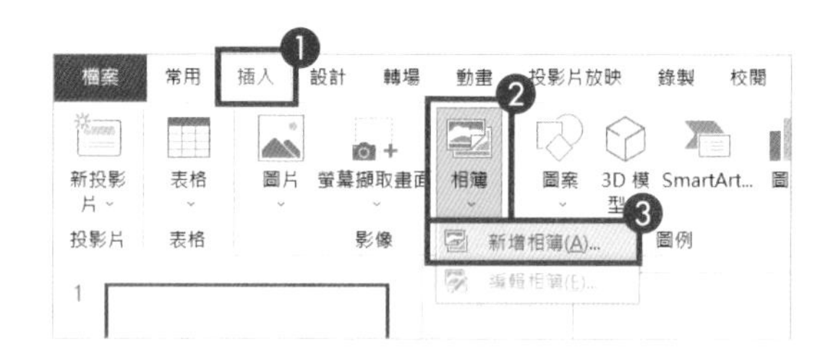

2 在彈出的【相簿】對話方塊中，於【由此插入圖片】處按一下【檔案 / 磁碟片（F）...】按鈕。

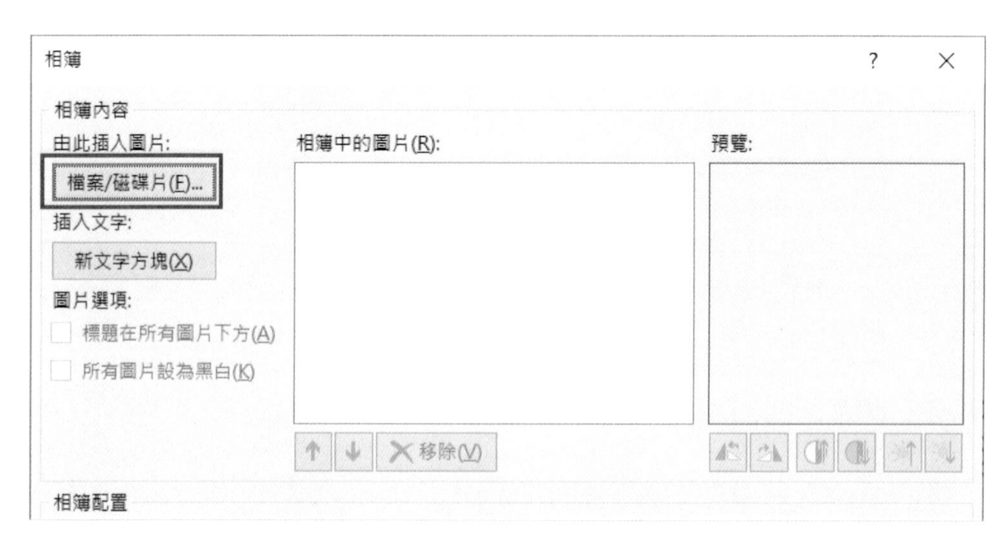

3 在【插入新圖片】對話方塊中選擇需要的資料夾，按快速鍵【Ctrl+A】全選圖片，按一下【插入】按鈕。

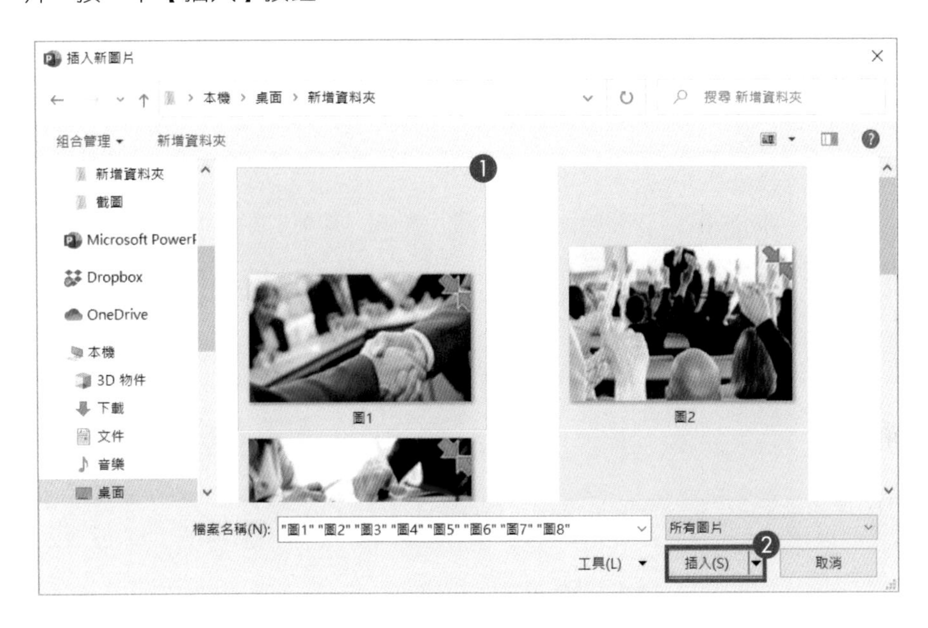

4 在彈出的【相簿】對話方塊中按一下【建立】按鈕。

透過這樣的操作，就算有好幾百張的照片，都可以快速匯入 PPT 了。

CHAPTER 01

05 如何快速取出 PPT 中的所有圖片？

當你看到一份 PPT 檔，非常喜歡其中的圖片素材，想將它們都儲存下來，除了一頁一頁另存新檔之外，有沒有什麼方法可以快速取得 PPT 裡的所有圖片呢？

1 在需要取出圖片的 PPT 檔按右鍵，在彈出的功能表中選擇【重新命名】。

2 將檔案的副檔名由「.pptx」改為「.zip」。

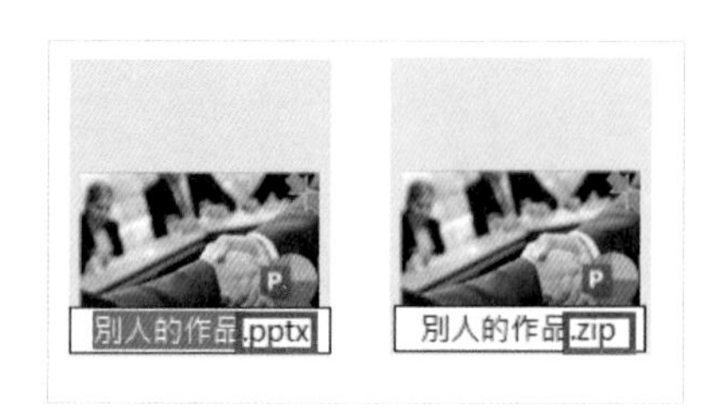

3 在文件上按右鍵，解壓縮之後，依序打開「ppt」-「media」資料夾。

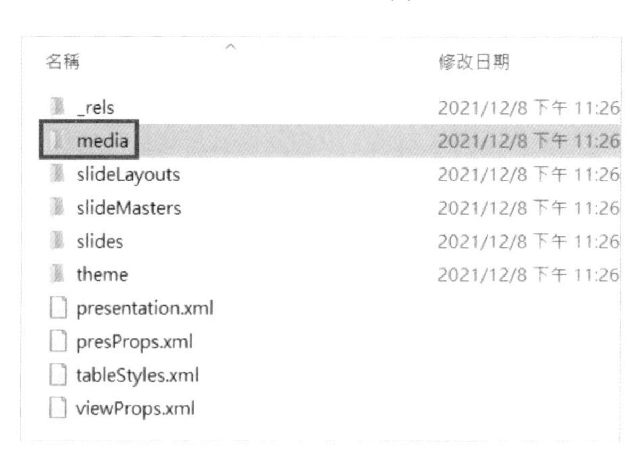

PPT 內所有的圖片都會儲存在這個資料夾中。

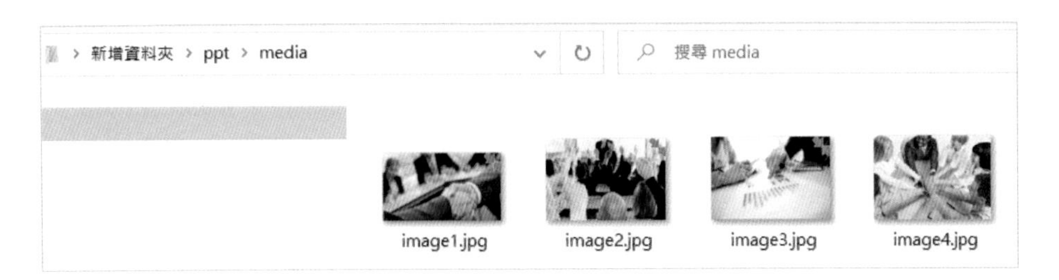

利用上述操作，不管 PPT 檔有多少頁，都可以快速地將 PPT 中的圖片全部抓出來。

CHAPTER 01

06 PPT 如何快速更改主題色彩？

網路上有很多優秀的 PPT 範本，可以大幅節省我們製作 PPT 的時間，也可以帶來設計靈感。可是有時範本的主題色彩和我們的主題並不相符，有沒有什麼方法可以快速更改主題色彩呢？

1 在【設計】頁籤的功能區中按一下【變化】群組右下角的下拉按鈕。

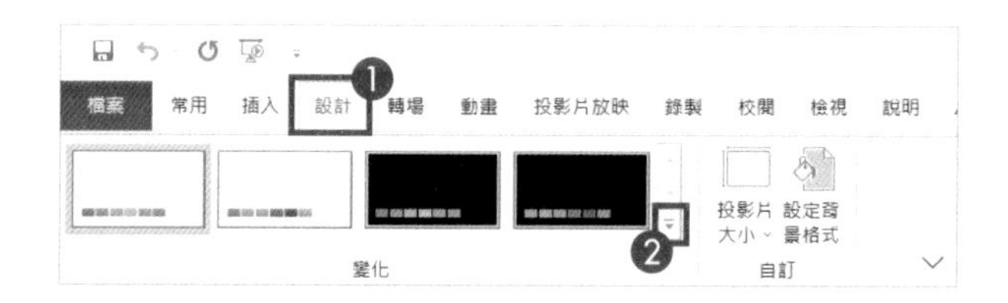

2 在彈出的功能表中選擇【色彩】，在彈出的面板中選擇一種色彩搭配。

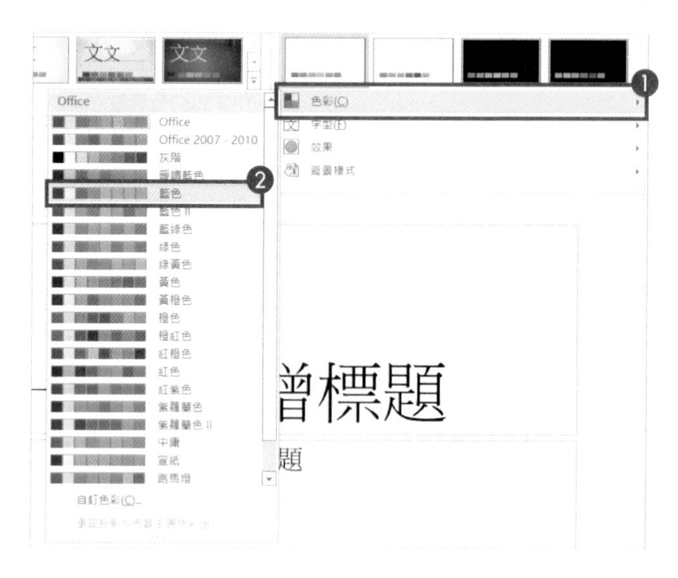

透過以上操作，即可將 PPT 範本的主題色彩快速換成我們需要的顏色。

CHAPTER 01

07 如何快速統一 PPT 中的字型？

實際工作時，我們常會需要修改其他人製作的 PPT，最令人頭痛的操作之一，就是統一字型了！例如，要將 PPT 中的「新細明體」統一改成「微軟正黑體」，有沒有比較快速的方法呢？

1 在左側預覽窗格中，按快速鍵【Ctrl+A】選取所有投影片。

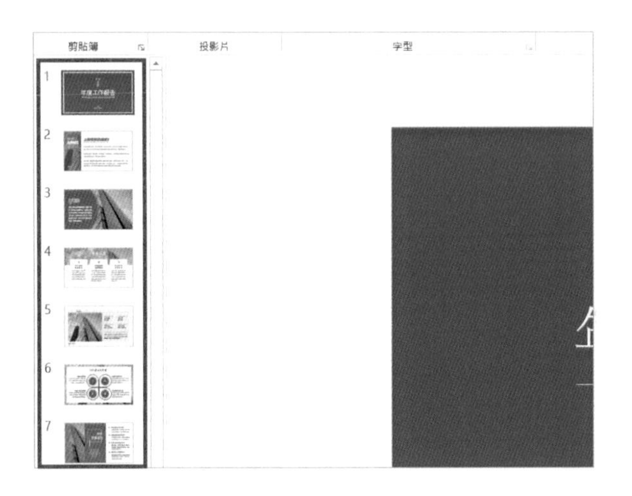

2 在【常用】頁籤功能區的【編輯】群組中選擇【取代】-【取代字型】。

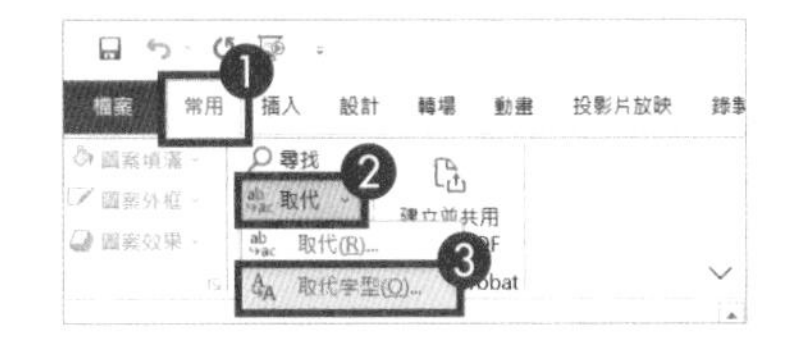

3 在【取代字型】對話方塊中，分別設定好【取代】的字型和【成為】的字型，按一下【取代】按鈕。

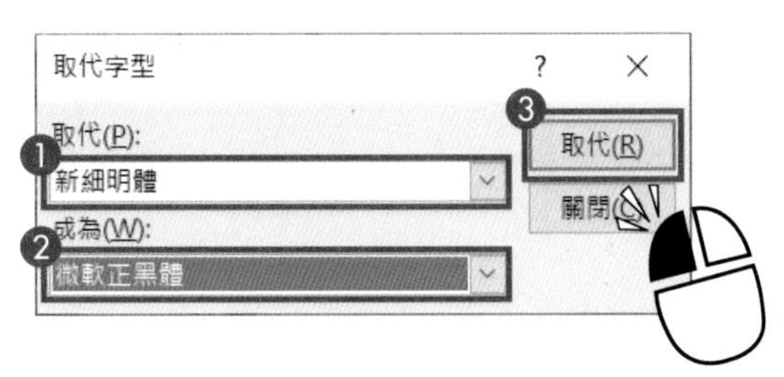

透過上述操作，即可快速統一 PPT 中的字型。

CHAPTER 01

08 如何在 PPT 的每一頁批次加上 Logo ？

如果想在公司製作好的上百頁 PPT 中，逐頁加上公司的 Logo，只能手動加入嗎？當然不是。我們可以在 PPT 中批次加入或刪除 Logo。

1 打開需要加上 Logo 的 PPT，在【檢視】頁籤的功能區中按一下【投影片母片】。

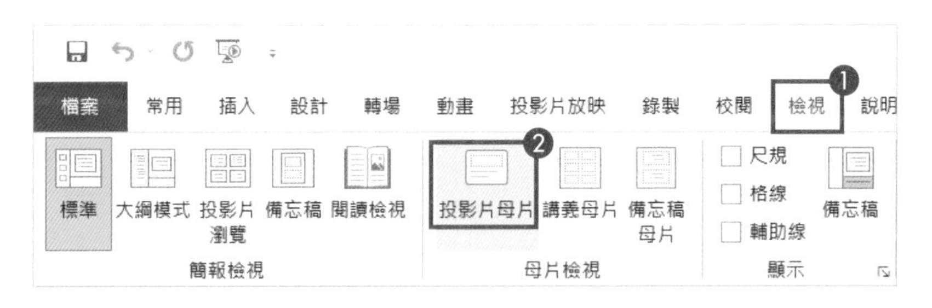

2 將需要加入 PPT 的 Logo 貼到母片的首頁中。

3 按照需求調整 Logo 的位置與大小。

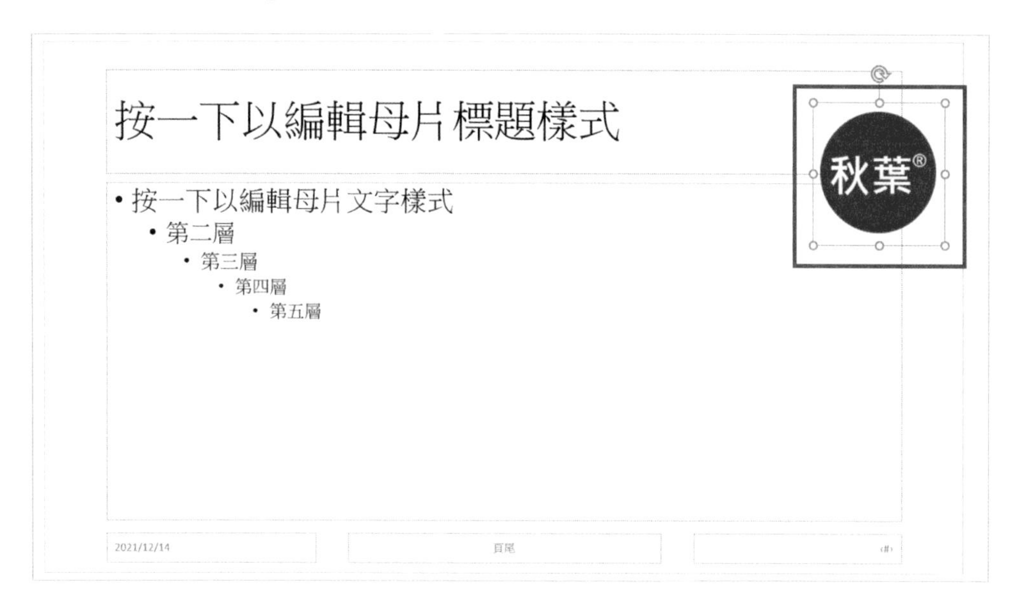

4 在【投影片母片】頁籤的功能區中按一下【關閉母片檢視】，以退出母片檢視。

透過以上操作，不管你的 PPT 有多少頁，都可以快速新增、刪除、修改 Logo。

CHAPTER 01

09 PPT 中如何快速複製格式？

製作 PPT 時，經常需要修改多個文字或多張圖片的格式，雖然可以使用【F4】鍵，但是【F4】鍵只能重複上一步操作，很多時候無法滿足我們複製某個設定格式操作的需求，有沒有其他更好的方法呢？

有兩種方法可以快速複製格式。

方法 1

首先選取需要複製格式的文字或圖片，在【常用】頁籤的功能區中按一下【複製格式】，再按一下需要貼上格式的文字或圖片。

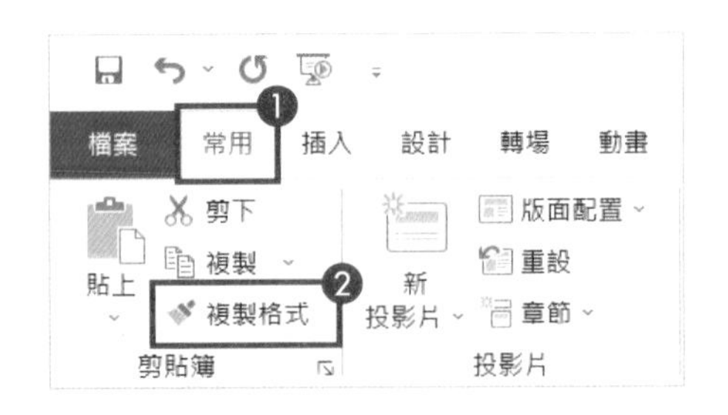

注意

按一次是貼上一次格式，按兩次是貼上多次，按【Esc】鍵可退出複製格式模式。

方法 2

首先選取需要複製格式的文字或圖片，按快速鍵【Ctrl+Shift+C】複製格式，選取需要貼上格式的文字或圖片，再按快速鍵【Ctrl+Shift+V】即可。

CHAPTER 01

10 如何用 SmartArt 快速編排文字？

編排多段文字一直是製作 PPT 的難關，有沒有快速排版的技巧呢？用【SmartArt】功能就可以輕鬆搞定！

1 將游標置於文字的段落前，按【Tab】鍵即可調整「層級」，把所有段落依序設定一遍，就可以設定出二個層級的文字。

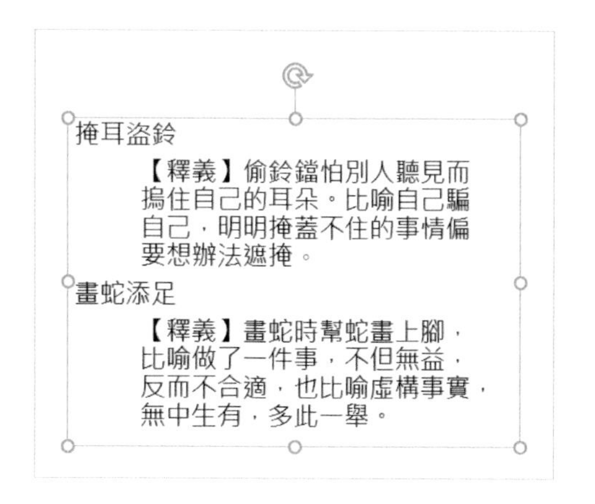

2 選取文字方塊，在【常用】頁籤功能區的【段落】群組中按一下【轉換成 SmartArt 圖形】，在彈出的功能表中選擇【其他 SmartArt 圖形】。

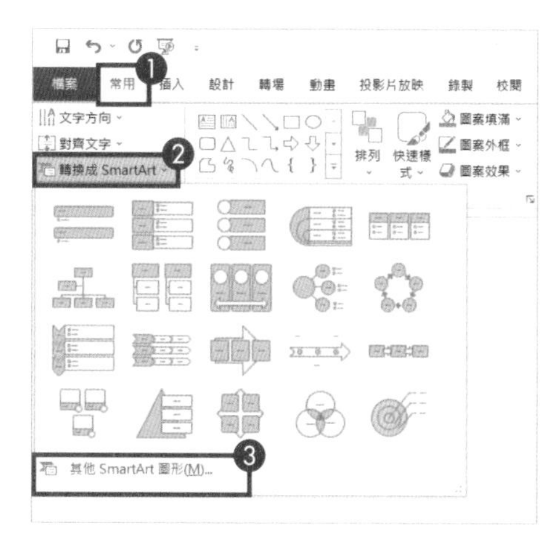

Chapter 1 PPT 的高效操作技巧

3 在彈出的【選擇 SmartArt 圖形】對話方塊中，選擇【清單】-【垂直方塊清單】，按一下【確定】按鈕。

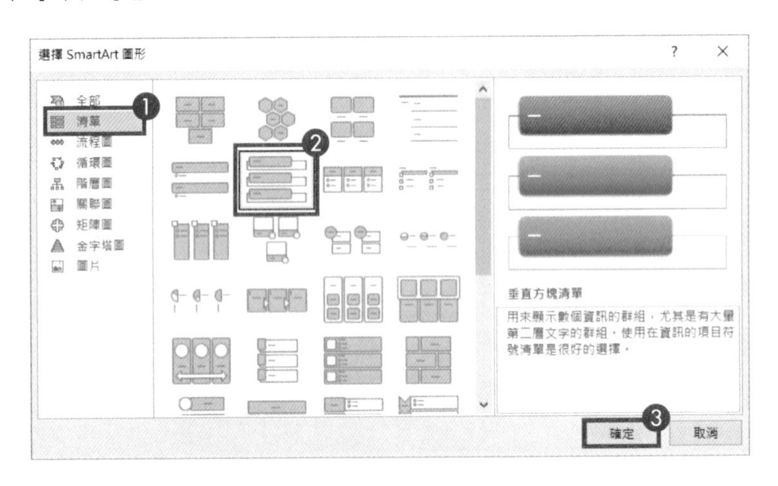

4 在文字方塊按右鍵，還可以選擇填滿色彩和外框樣式。

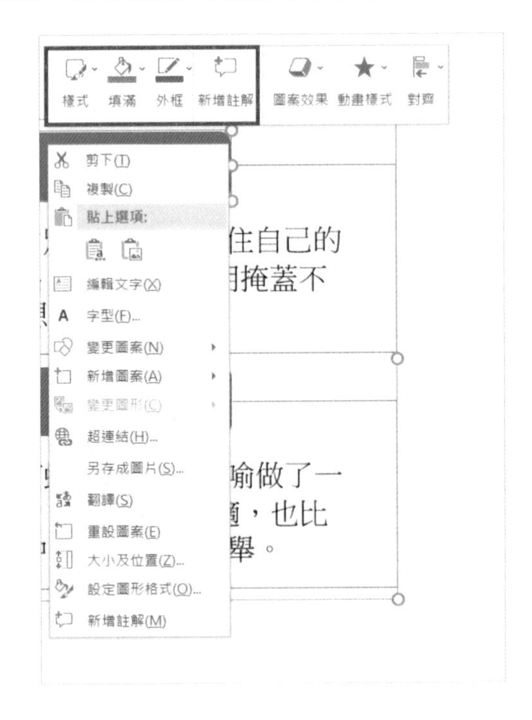

透過以上操作即可快速編排多段文字。

如何用圖片版面配置快速美化封面？

在簡報開始時，觀眾第一眼看到的就是 PPT 封面，所以一個好的封面十分重要。如何才能快速製作出富有設計感的封面呢？

以下將以海洋館的宣傳 PPT 封面製作為例來說明。

1 選取封面頁中的所有圖片。

2 在【圖片格式】頁籤的功能區中按一下【圖片版面配置】。

3 在彈出的功能表中選擇【泡泡圖片清單】。

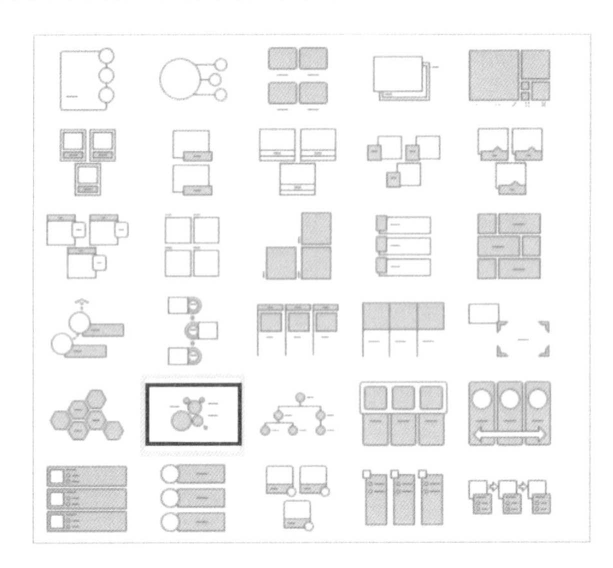

4 選取所有 SmartArt 圖形，在【SmarArt 設計】頁籤的功能區中選擇【轉換】-【轉換成圖形】，將圖示轉換為圖形。

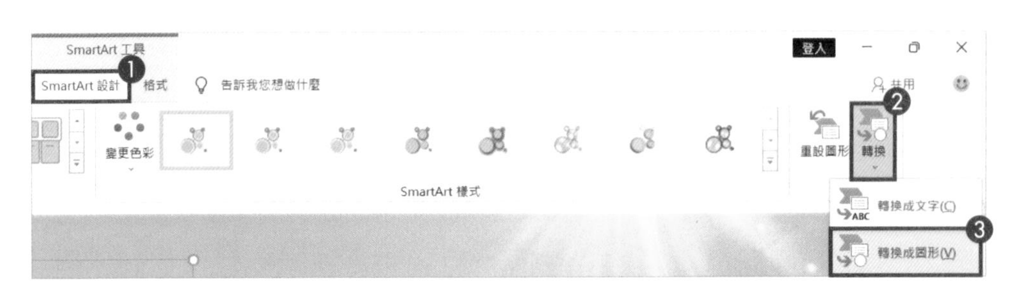

調整圖片位置後，就完成美化封面的工作了。

Chapter

2

PPT 的素材資源

本章主要介紹素材的取得與應用，包括圖片、圖示、字型和實用的工具網站。瞭解並掌握這些內容可以大幅提升製作 PPT 的效率。

01 到哪裡找高解析度的圖片？

辛辛苦苦做出來的 PPT，如果圖片模糊、圖示難看，會讓 PPT 的品質大打折扣。到底哪裡才能找到好看又免費的素材呢？這裡推薦以下幾個網站（在 Google 搜尋網站名稱即可）。

Pixabay

「Pixabay」擁有 230 萬張優質圖片和影片素材，是目前全球最大的免費商業版權圖庫，支援中文搜尋。

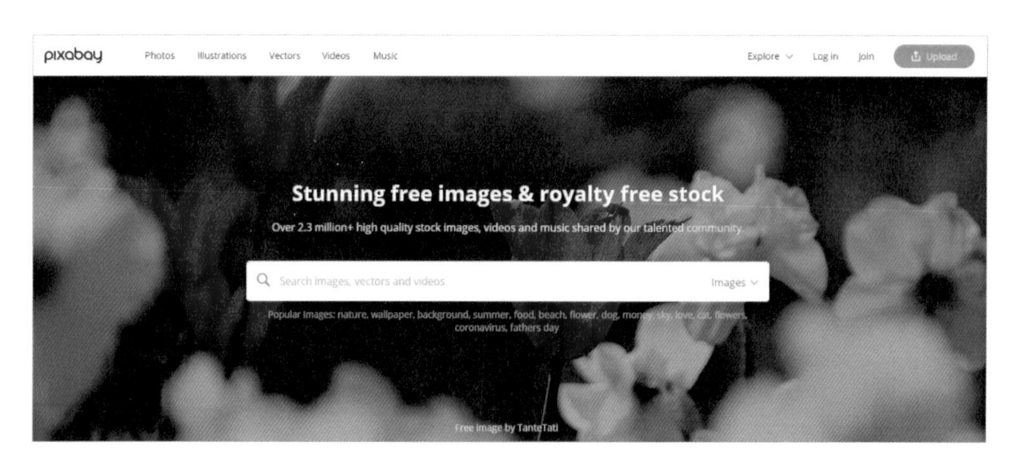

Pexels

與「Pixabay」類似，允許使用者自行上傳作品，是圖片品質非常好的免費商業版權圖庫，支援英文搜尋。

Gratisography

「Gratisography」是一位國外攝影師的個人網站，他的照片有著強烈的臨場感，可以直接當作設計素材，網站裡的照片也都可以免費商用。

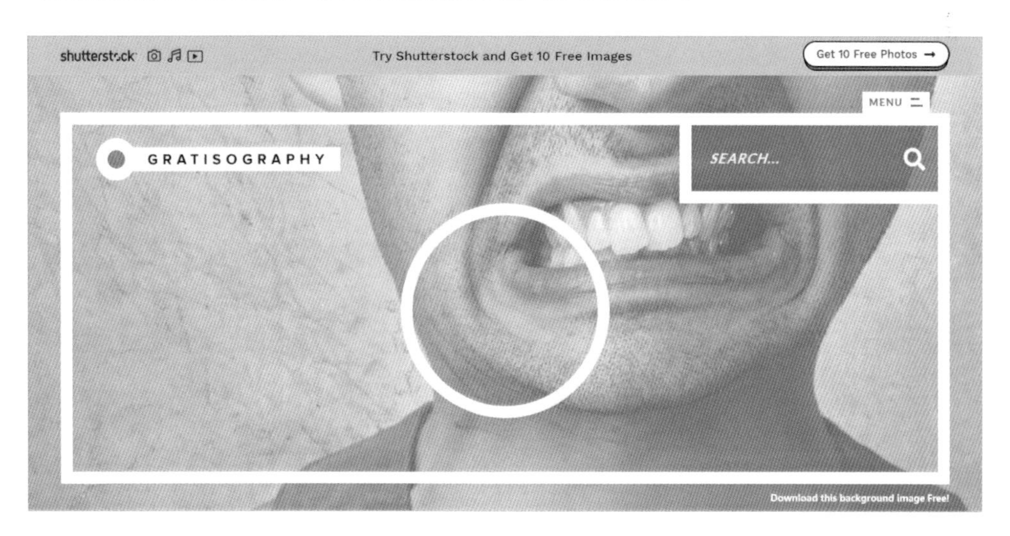

Unsplash

「Unsplash」最大的特色就是免費，而且收錄的圖片都極具設計感。

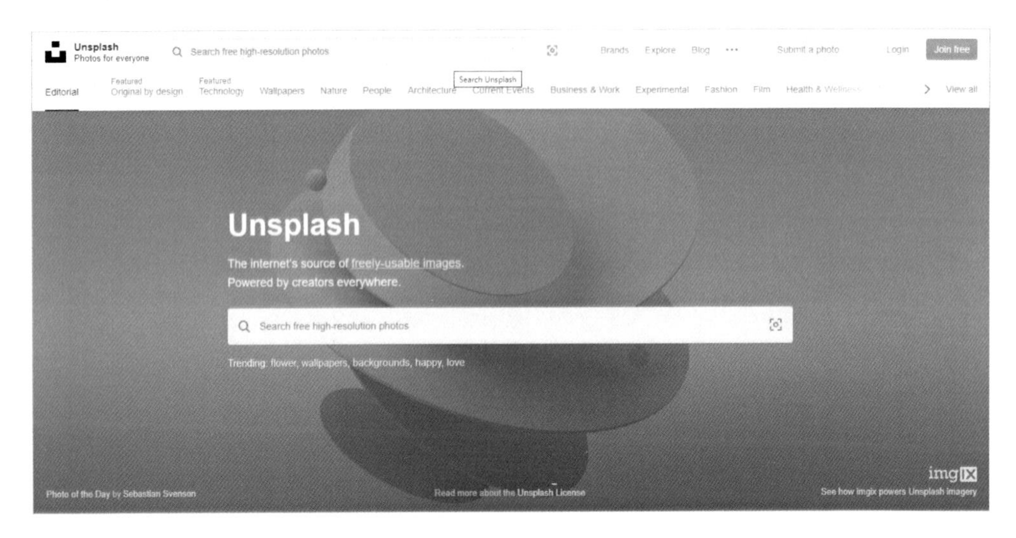

Freeimages

「Freeimages」是一個免費的商業圖片素材網，目前擁有超過 40 萬張圖片資源，有中文分站和中文介面，支援中文搜尋。

Magdeleine

該網站的口號是：每天分享一張高品質圖片。以攝影圖片為主，包含不少戶外攝影的優質圖片。

Picjumbo

「Picjumbo」是一個免費圖庫，圖庫有 1500 多個分類，使用者可在網站內透過搜尋或分類瀏覽的方式找到各種圖片。

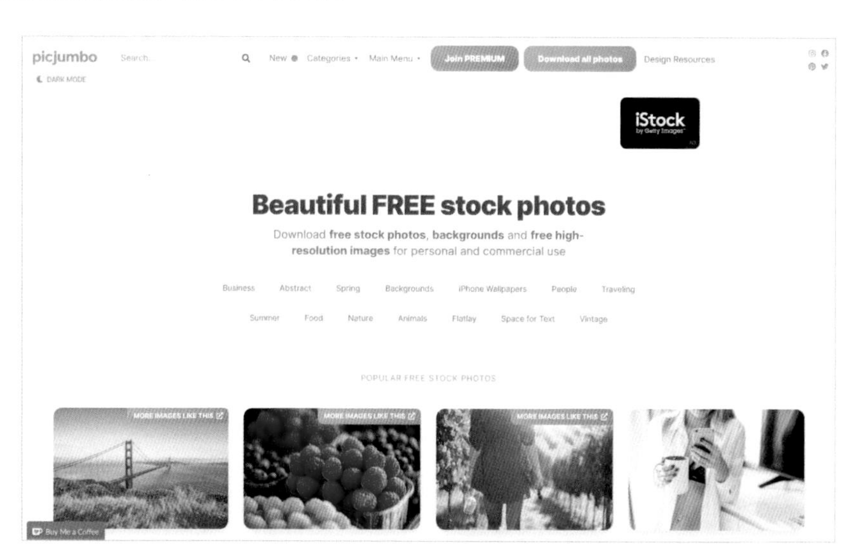

Pxhere

「Pxhere」是一家免費素材下載網站，目前提供超過 100 萬張高品質的攝影作品，可以免費用於個人和商業用途，支援中文搜尋。

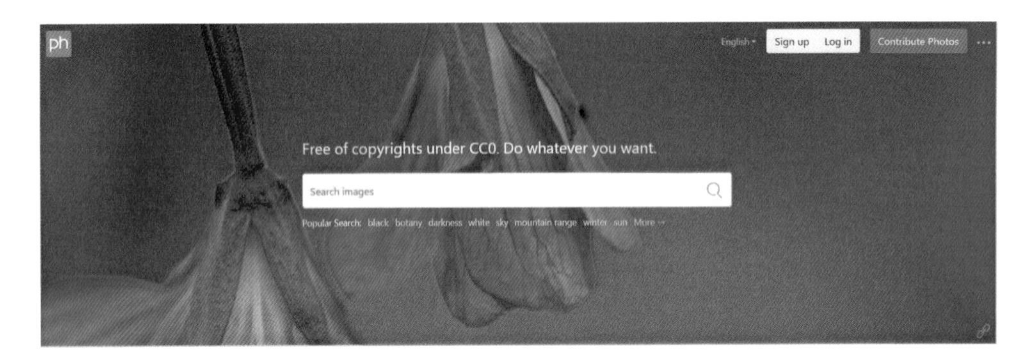

西田圖像

這是一家免版權的圖片網站，有超過 20 萬張圖片，並依照不同用途進行圖片分類，可以在網站上為一些常用的主題找到不錯的配圖。

Hippopx

「Hippopx」是一個免版權圖庫網站，收錄超過 20 萬張的免費授權圖片。

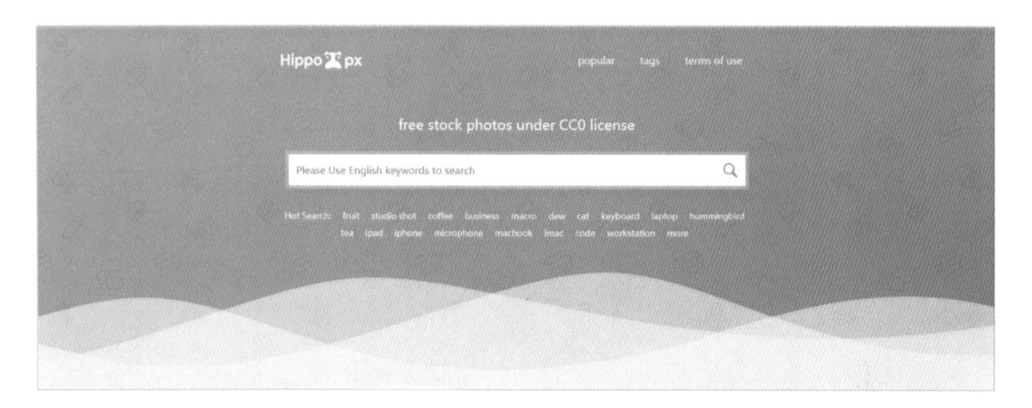

許多優質素材網站都是英文的，如果英文不好該怎麼辦？你可以利用翻譯軟體把要搜尋的素材關鍵字翻譯成英文後，再到這些網站搜尋，就可以找到豐富的素材。

到哪裡找免費的圖示素材？

用圖示美化 PPT 是非常有效的方法，如何找到免費又大量的圖示素材？你可以看看以下這幾個網站（在 Google 搜尋網站名稱即可）。

Roundicons

「Roundicons」擁有非常多高品質的圖示，有收費圖示，也有很多免費圖示。

unDraw

「unDraw」是提供完全免費 SVG 圖片的素材網站。

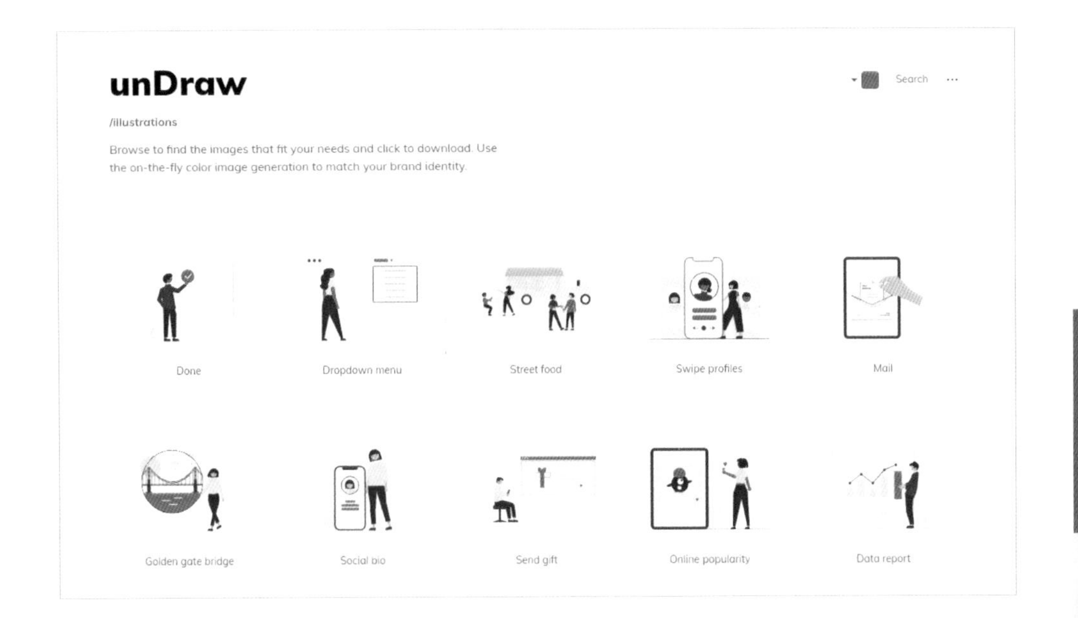

emoji.streamlineicons

這是一個表情圖片下載網站，我們想要的表情通常都能在這裡找到。

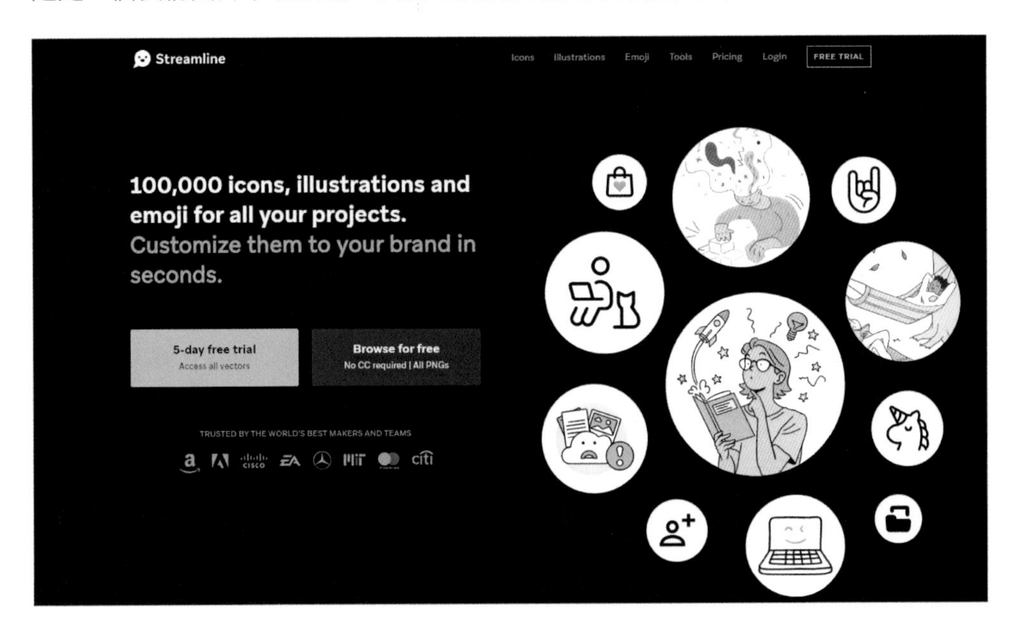

icons8

「icons8」是一個以提供免費平面設計圖案為主的網站，還提供各種格式和配色的選擇。

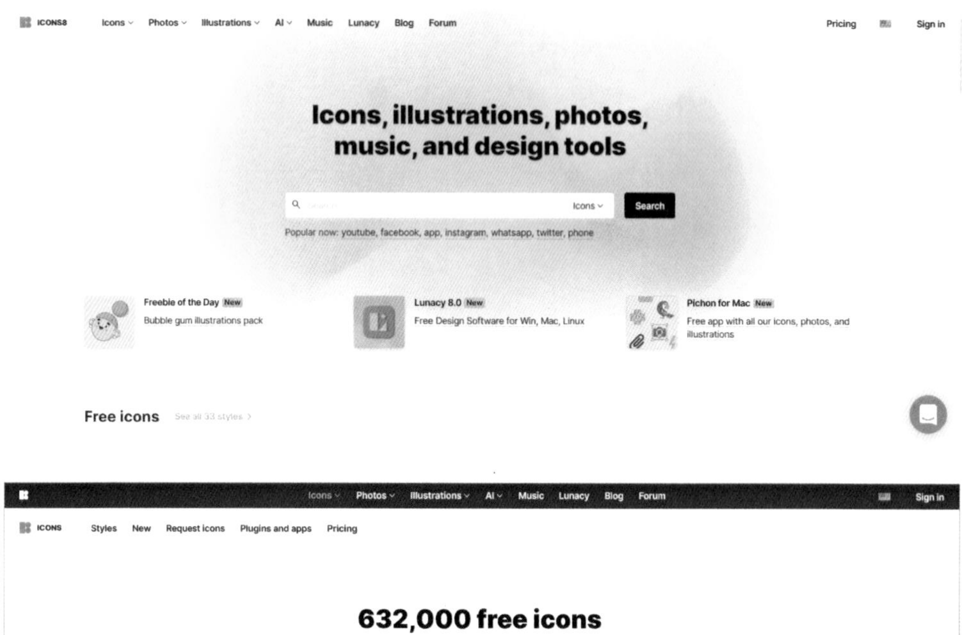

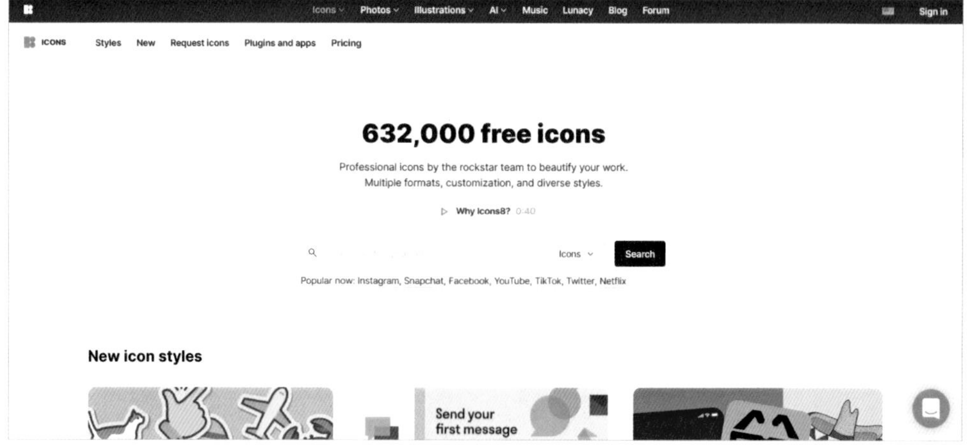

Iconfont

這是一個內容很豐富的向量圖示庫。

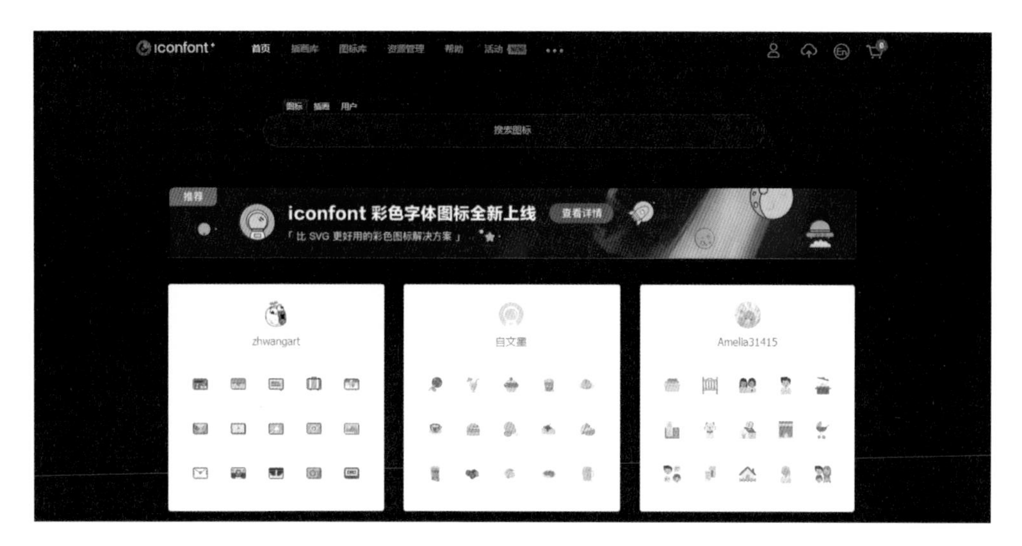

60Logo

這個網站有十餘萬個品牌的高解析向量 Logo 圖，都可免費下載。

Pictogram2

「Pictogram2」是日本的向量圖示網站，圖示素材非常豐富。

IconArchive

「IconArchive」是一個有超過 70 萬張圖示的網站，有免費也有收費的圖示素材。

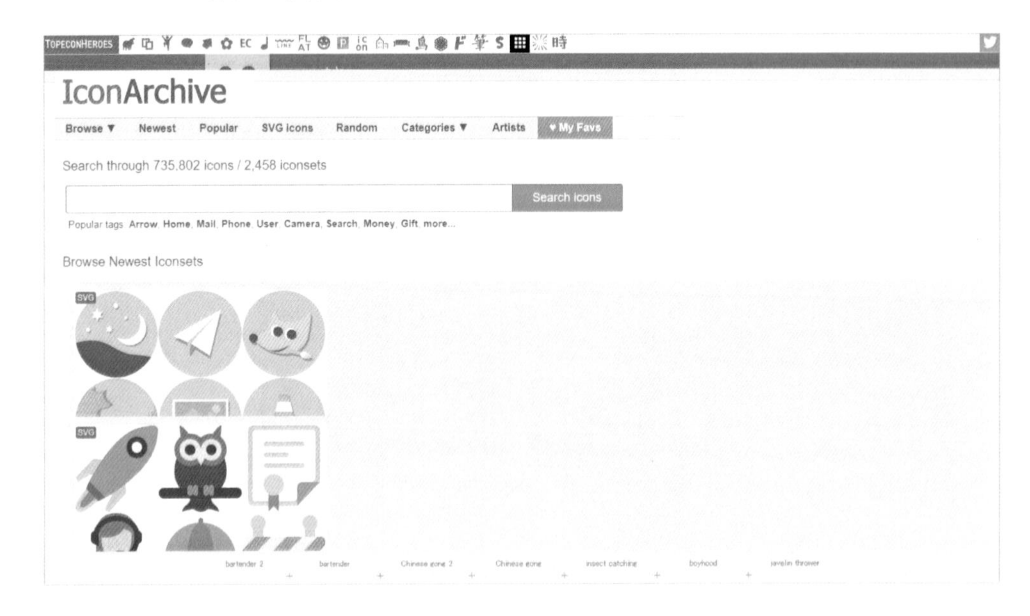

WorldVectorLogo

「WorldVectorLogo」擁有全球最大的 SVG 向量圖檔收藏。

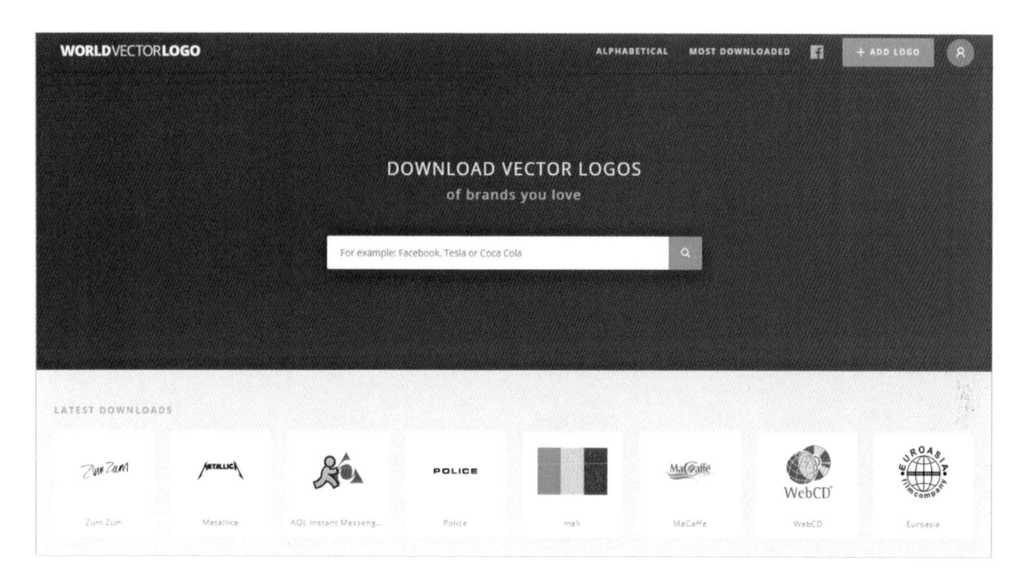

iSlide 插圖庫

可以根據需求隨時修改替換插圖素材，但是需要安裝「iSlide」外掛程式。

pimpmydrawing

這個網站提供免費的白描線稿風格人物向量圖下載。

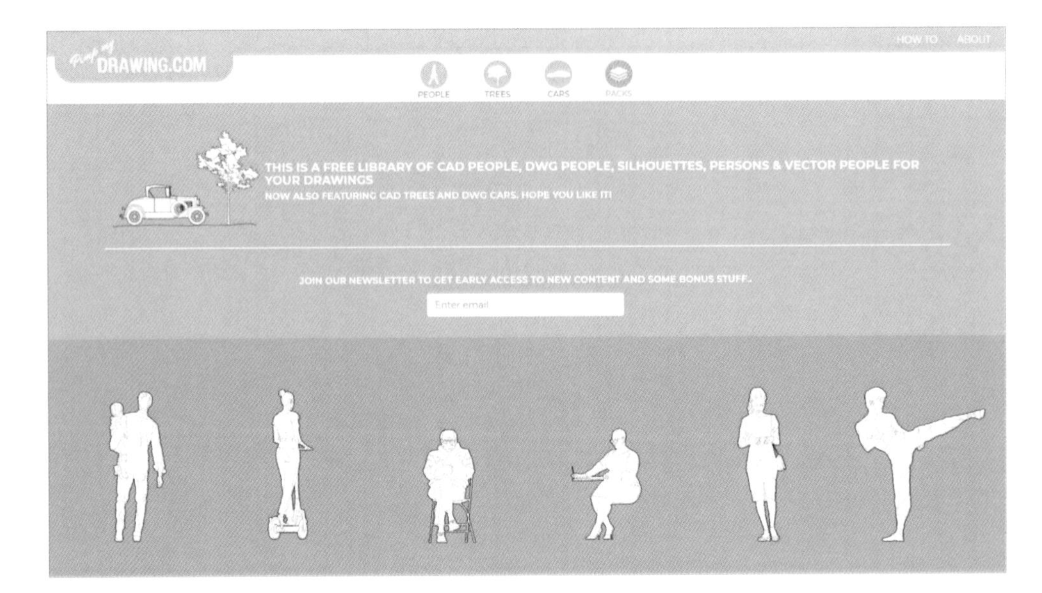

哪些是製作 PPT 時必訪的「寶藏」網站？

製作投影片最苦惱的就是沒有素材和範本可以參考，此時不妨看看以下幾個網站（在 Google 搜尋網站名稱即可）。

iSlide365

「iSlide」的 PPT 範本商城擁有超多高品質範本，更新快、數量多、品質高。

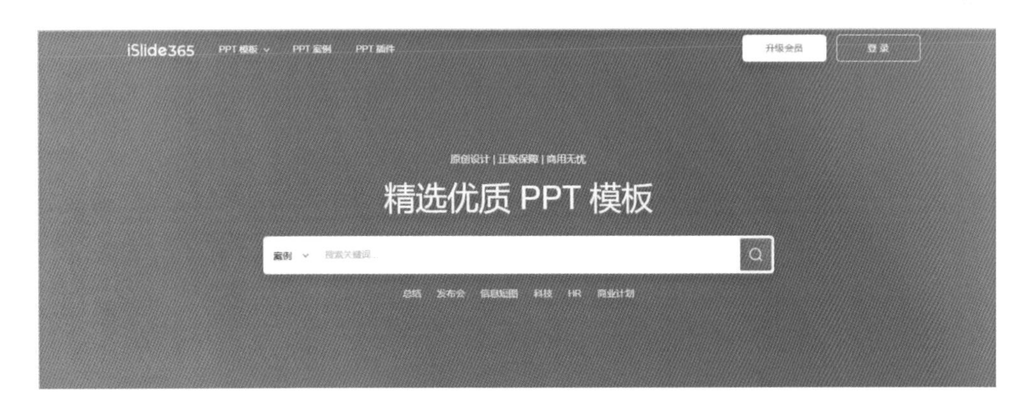

51PPT 範本

擁有大量的免費 PPT 範本，品質也很優秀，可以看到不少經典作品的原始檔，以及投影片製作達人的部分作品與教學。

Microsoft 範本

這是微軟的官方範本下載網站，完全免費、數量多。不僅有 PPT 範本，還有 Word 履歷表、文件及各種 Excel 表格範本，對學生或教育工作者特別實用。

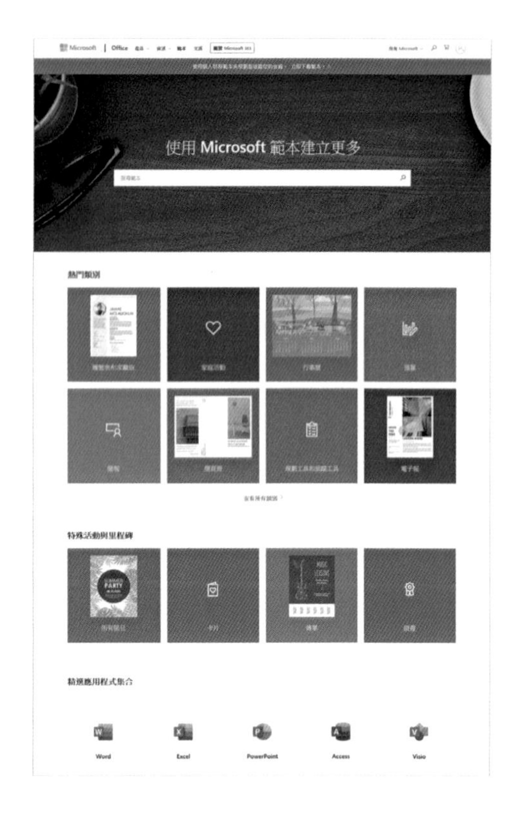

SVG Backgrounds

該網站有豐富的紋理素材，可用來快速產生高解析向量背景，還可以調整參數。

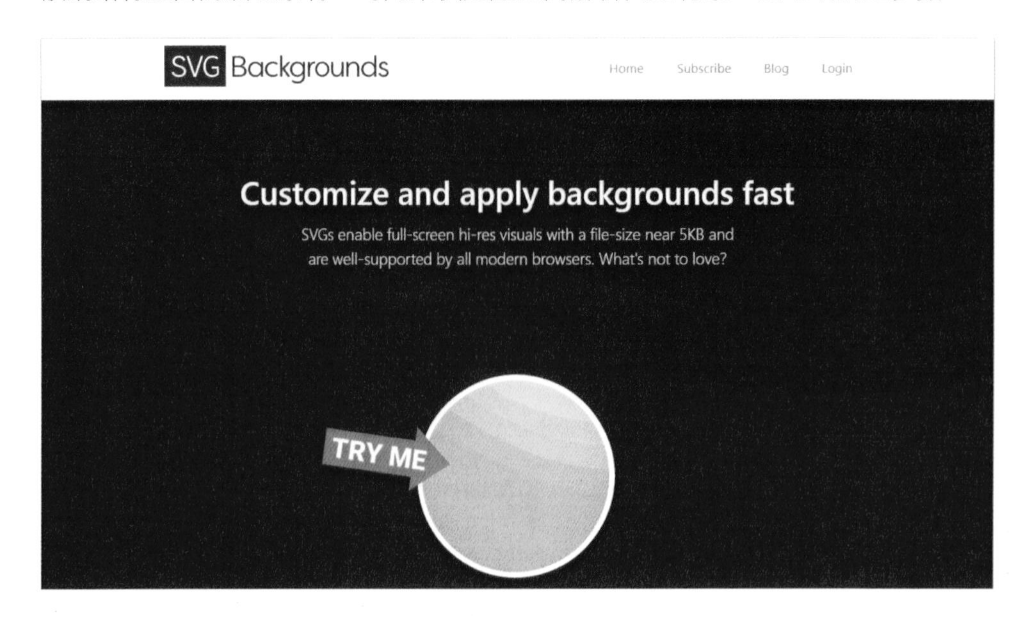

Mixkit

這是一個提供免費影片素材的網站，提供大量的高畫質影片，類型包含商業、科技、城市、音樂、生活、動畫、抽象、大自然、戶外和交通工具等，商業或非商業用途皆可自由使用。

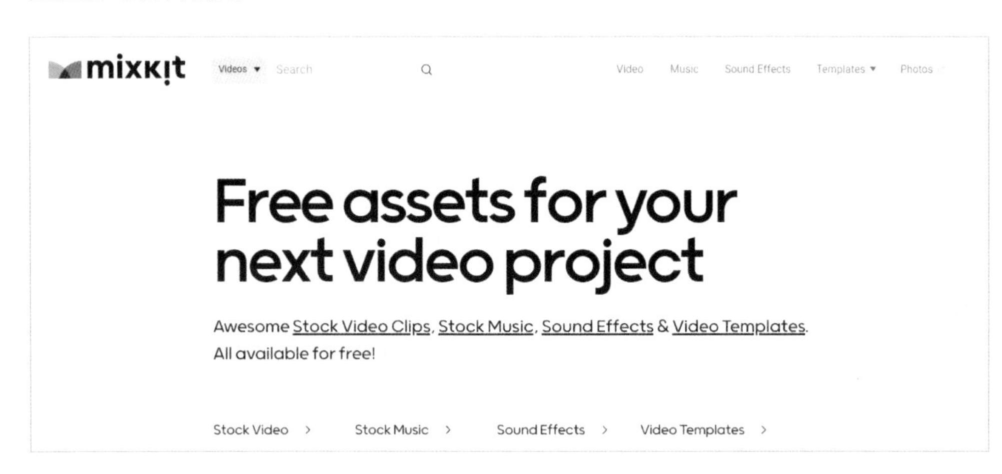

設計導航

從免費無版權限制、可商用的高品質素材，到設計課程、尺寸規範、配色方案、設計素材和靈感等，資源非常豐富。

Smart Mockups

「Smart Mockups」是一個免費製作線上產品範本的網站，產品範本的樣式豐富，可將任何圖片或線上圖片自然融合到特定的圖片裡。網頁上方可以看到範本分類，只要根據自己的需求，選擇一個範本點開，進行快速製作即可，功能簡單又實用。

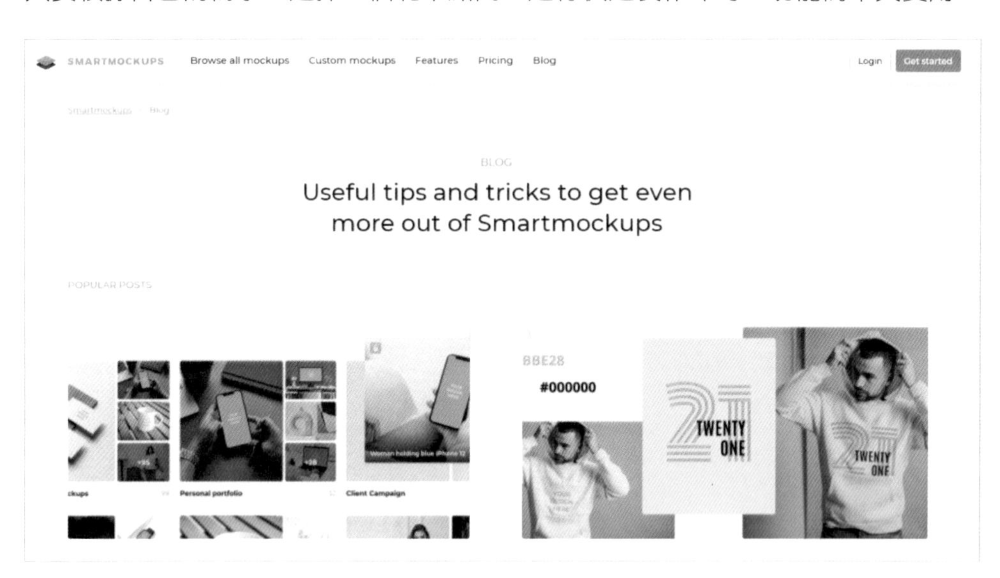

Colorsupply

這個網站收集了眾多設計師的色彩搭配方案，按照五大配色分類，非常適合當作扁平化配色方案的配色參考。

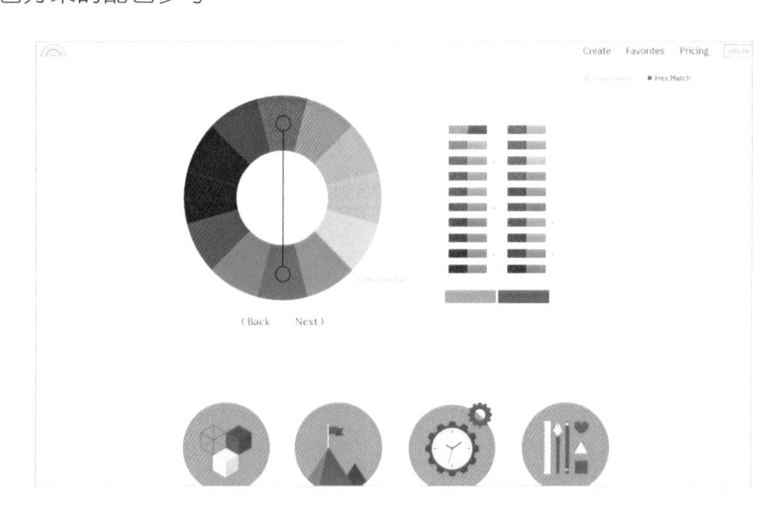

Graphicriver

國外最大的 PPT 範本網站，網站中的範本都很專業，值得模仿練習、參考借鑒。

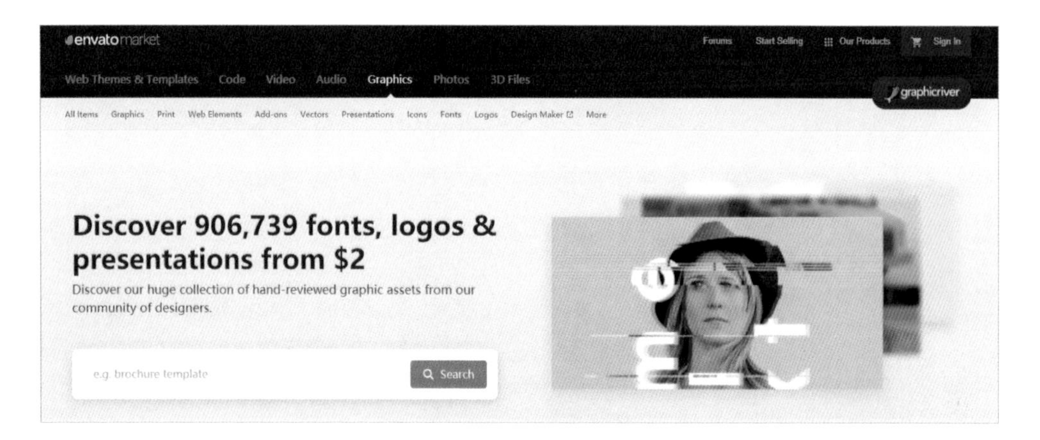

CHAPTER 02

04 有哪些不會侵權的免費商用字型？

字型也是一種版權作品，我們在製作 PPT 使用字型時，一定要注意避免字型侵權。使用一種字型之前，必須先瞭解其是否為免費字型。建議你可以使用貓啃網搜尋字型，貓啃網目前收錄 312 種可商用、無版權問題的免費字型。

1 在 Google 搜尋「貓啃網」，打開網站首頁後，按一下網頁右上角的【字型大全表】，就會開啟【可免費商用中文字型下載大全一覽表】頁面。

2 在【可免費商用中文字型下載大全一覽表】頁面下方可以選擇打包下載字型。

3 或者在清單中選擇需要下載的字型。

免费商用中英文字体 已搜集312款免费中文字体

首页 免费中文 免费英文 活动字体 资讯动态 授权证书 字体大全表 打赏

免费字体

作者原创/增补字体 思源系列变形字体

字体系列	字体名称	PS中名称	开发者	发布时间	最新版本	分类	字重数	简体字数	繁体字数	授权方式	下载
作者原创/增补字体											
霞鹜系列	霞鹜文楷	霞鹜文楷	落霞孤鹜	2021年02月	v0.11 (2021/02/09)	楷体	1	★★★★	★★★★	OFL	下载
	霞鹜漫黑	霞鹜漫黑	落霞孤鹜	2021年01月	v0.002 (2021/01/30)	创意体	1	★★★★★	★★★★★	OFL	下载
	霞鹜新晰黑	霞鹜新晰黑	落霞孤鹜	2021年01月	v0.225 (2021/01/28)	黑体	2	★★★★★	★	OFL	下载
	霞鹜晰黑	霞鹜晰黑	落霞孤鹜	2020年12月	v0.206 (2021/01/28)	黑体	2	★★★★★	★★★★★	OFL	下载
	悠哉字体	悠哉字体	落霞孤鹜	2020年06月	v0.85 (2020/10/01)	手写体	3	★★★★★	★★★★★	OFL	下载
	小赖字体	小赖字体	落霞孤鹜	2020年06月	v3.1 (2020/12/24)	手写体	1	★★★★★	★★★★★	OFL	下载

此站甚好 赏 大陆 台湾

這裡推薦幾款免費又好用的字型。

阿里巴巴普惠體

阿里巴巴於 2019 年 4 月 27 日在 UCAN 2019 設計大會發佈了一款字型「阿里巴巴普惠體」，希望讓整個業界的設計師、合作夥伴因平台的協助而真正獲得便利。

免費商用

阿里巴巴普惠体

龐門正道粗書體

龐門正道粗書體發佈於 2018 年 12 月 6 日，車港敏同學用自己大半年的業餘時間，完成了書寫、修改調整一套字型檔的工作。這款字體比預想的更受歡迎，熱播劇《慶餘年》海報使用的也是龐門正道粗書體。

包圖小白體

包圖小白體是一款簡單可愛的創意字型。粗短的筆畫就像「柯基」的小短腿，能帶來更輕鬆的感覺。整體形態採用鏤空設計，加強了字型的立體感，適合用於品牌標誌、海報、包裝、影視綜藝、遊戲、漫畫等場景。

免費商用

包图小白体

江西拙楷體

這是一套手寫楷體，與電腦中標準化製作的楷體相比，這套字型的筆畫帶有一些書寫的痕跡，每個字的筆畫沒有統一標準，看上去顯得不夠一致，卻有一種自然的手寫感。

免費商用

江西拙楷体

優設好身體

優設好身體是一款親和力、時尚感極強的專業美術標題字型。它以圓體字型為基礎，透過瘦高的字面、偏向幾何的曲線，讓整款字型富有親和力與時尚感。在同樣的面積裡，較窄的字面就意味著能容納更多的資訊，所以這款字型非常適合用於需要展現親和力與時尚感的各類品牌宣傳廣告和產品包裝設計的標題上。

免費商用

优设好身体

CHAPTER 02

05 有哪些大氣的毛筆字型？

毛筆字型能提高 PPT 作品的藝術感，多用於中國風 PPT 製作，有時也用於科技發佈會等場合。常見的毛筆字型有葉根友系列、禹衛書法行書簡體、漢儀尚巍手書等。哪裡可以下載這些好看的毛筆字型呢？這裡推薦以下幾個網站（在 Google 搜尋網站名稱即可）。

字型下載網

這是一個很棒的字型下載網站，收錄了超多字型，可以免費下載。

求字型網

求字型網提供上傳圖片找字型、字型即時預覽、字型下載、字型版權檢測、字型補齊等服務，可以辨識多種語言和字型。我們只需把文字截圖上傳到網站上辨識比對，就能快速找到相同及相似的字型，有些字型在辨識後可以直接下載。

大圖網

大圖網提供精品設計圖片素材下載，內容包括高解析圖片素材、PSD 素材、向量素材、去背素材和中英文字型。

模板王字庫

模板王字庫提供設計師免費下載字型，還可以下載各種中文字型檔。

這裡也推薦幾款常用且好看的毛筆字型。

漢儀尚巍手書

漢儀尚巍手書是一款應用於藝術設計的中文字型，該字型筆畫粗壯，尾部的甩尾有力且有豐富的筆觸細節。大字效果突出且引人注目，幾乎還原了作者書寫時的筆觸，細節表現細膩且字型檔完整，適用於名片設計、新聞媒體、宣傳海報、PPT、影視製作及內容用字等。

迷你簡雪君

迷你簡雪君字型列印的效果十分不錯，經常能在廣告和海報設計中見到這款字型，雖然是一款草書風格的字型，但是設計上盡量保持了字體的原形，將簡、繁寫法融合成一體，可用於文章標題、廣告製作、裝飾、裝幀、PPT 等。

方正呂建德字型

方正呂建德字型由書法家呂建德先生創作。這款字型繼承了王羲之、王獻之的書法基礎，將楷體、行書兩種字型相結合，用筆秀逸流暢，單字剛健挺拔。其風格舒展灑脱，適用於文化類的宣傳設計，以及商業類品牌的廣告和產品包裝設計。

禹衛書法行書簡體

禹衛書法行書簡體是一款風格獨特的毛筆行書字型，字型輪廓飄逸，雋秀美觀，可用於平面設計、名片設計、廣告創意等。

日文毛筆字型

日文毛筆字型是一款應用於書法設計方面的漢字字型，該字型大小適中，結構清晰，適用於報紙週刊、平面設計、廣告設計、印刷包裝等。

漢儀雪君體簡體

漢儀雪君體簡體是一款非常清秀的字型，字型結構端正，筆畫美觀，非常適合報紙、雜誌等印刷品使用。

圖片太模糊，如何下載高解析大圖？

有時候在網頁上的圖片按右鍵卻無法複製，截圖又不夠清晰時，該怎麼辦呢？按【F12】鍵就能解決這個問題。

1 開啟含有無法直接下載圖片的網頁，按【F12】鍵，就可以打開包含一些程式碼的開發測試工具窗格。

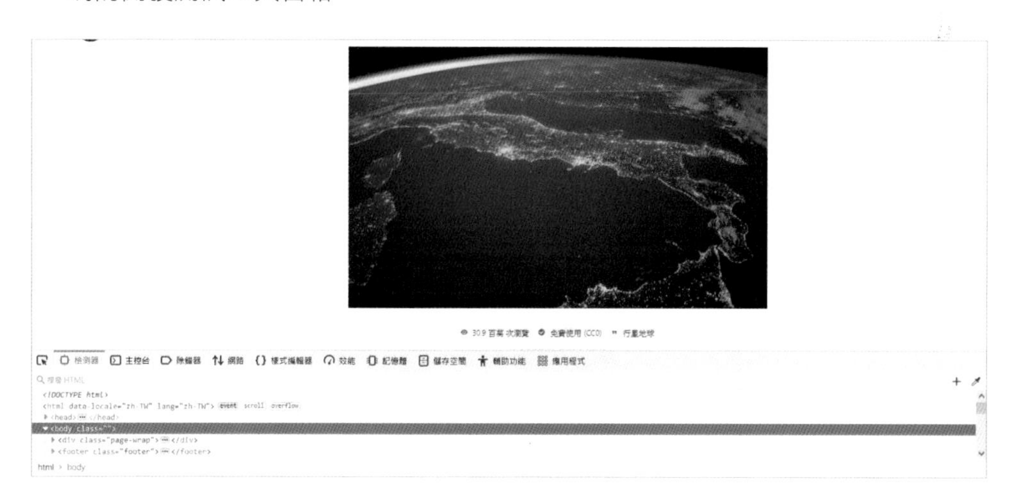

2 按一下開發測試工具窗格左上角帶斜向箭頭的圖示。

3 按一下圖片區域，可以在開發測試工具窗格中看到一段對應圖片的反白程式碼。

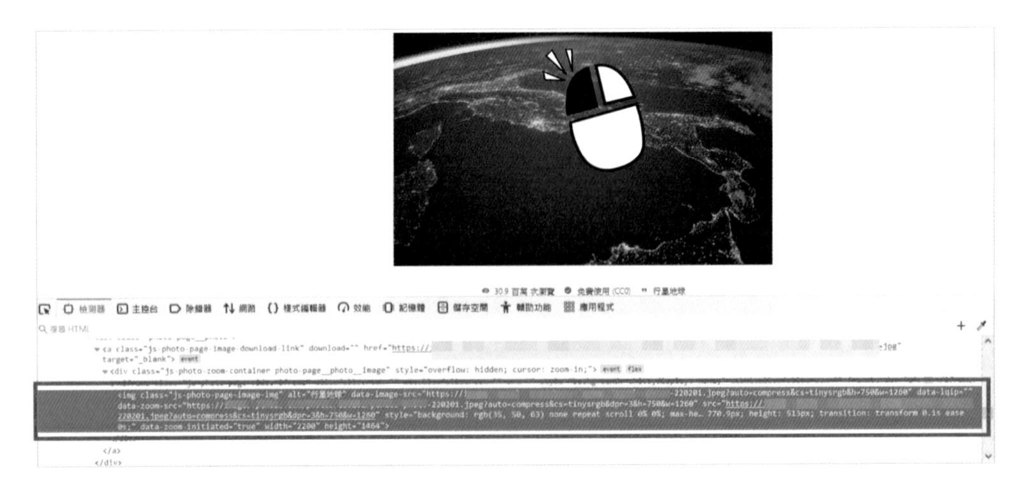

4 找到下方被定位到的程式碼，將滑鼠指標放在有「https://」的那一行，並按一下滑鼠右鍵，在彈出的功能表中選擇【用新分頁開啟鏈結】。

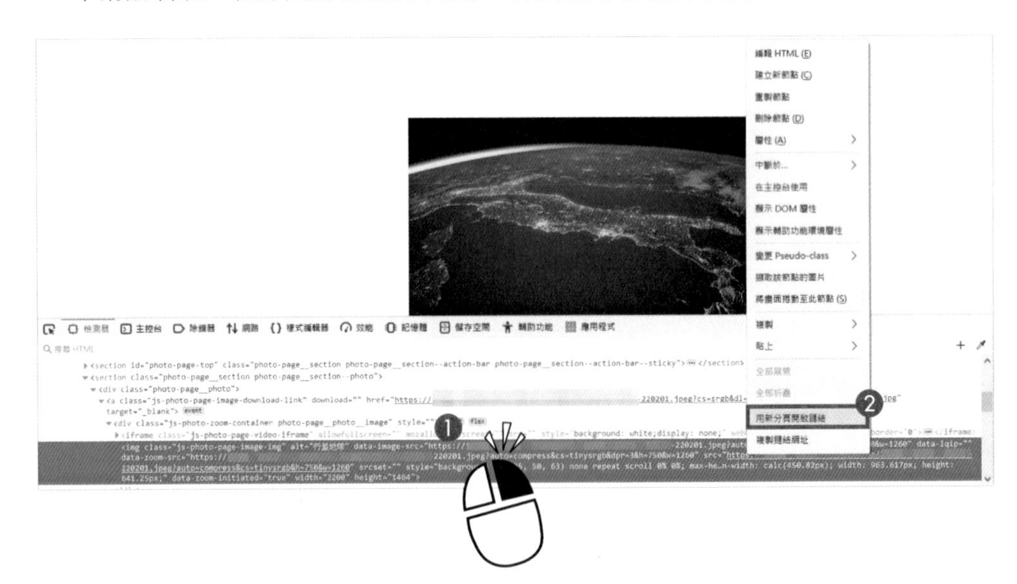

5 此時會在新的頁面中開啟該圖片。

6 在圖片上按滑鼠右鍵，在快顯功能表中選擇「圖片另存新檔」即可下載該圖片。請注意下載圖片需留意版權保護問題，以免觸法。

Part 2

PPT 的實用技巧

學習了很多 PPT 技巧，卻不知道如何將它們應用到工作和生活中？只要掌握本章介紹的實用 PPT 技巧，就能在職場上靈活運用 PPT 處理各種小問題，甚至可以做到 Photoshop、Illustrator、After Effects 等專業設計軟體的效果，成為同事眼中的 PPT 高手。

Chapter

3

PPT 必備的實用操作

本章主要介紹日常工作和生活中的 PPT 實用技巧，熟悉本章介紹的技巧，即可輕鬆解決日常遇到的 PPT 問題。

Chapter 03

01 列印 PPT 檔案時如何節省紙張？

一個 PPT 檔少則十幾頁，多則上百頁，直接列印很浪費紙張。利用縮放列印就能節省用紙，操作步驟如下。

使用 Powerpoint 內建的列印功能

1 在【檔案】頁籤中選擇【列印】，在右側介面的【設定】中依序設定參數：「9 張垂直投影片」，「雙面列印（從長邊翻頁）」，「純粹黑白」，最後按下【列印】按鈕。

先轉成 PDF 再列印

如果希望列印出來的投影片間距變小，就要將 PPT 檔轉換成 PDF。

1 開啟 PPT 檔，在【檔案】頁籤中選擇【另存新檔】,【存檔類型】選擇「PDF（*.pdf）」格式，按一下【儲存】按鈕。

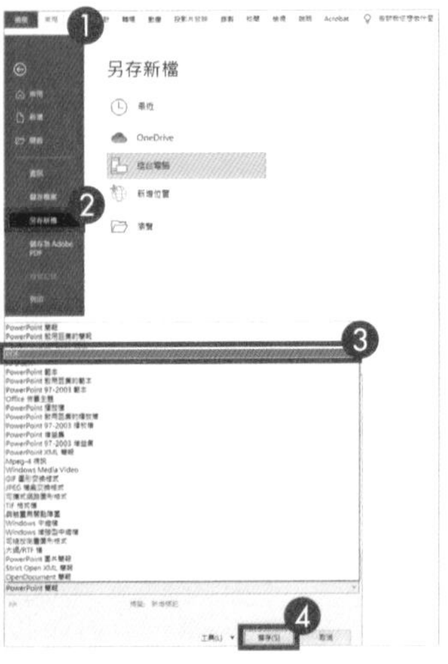

2 開啟 PDF 檔，按一下【列印】按鈕，在彈出的面板中設定【雙面列印】為【雙面列印（在長邊緣翻轉）】,【每個工作表的頁數】為【9】,最後按一下【確定】按鈕。(編注：這個步驟的操作適用於以系統內建的 EDGE 瀏覽器開啟 PDF)。

按照以上操作，就可以在一張紙上列印多頁 PPT 了。

Chapter 03

02 如何讓 PPT 中的圖表隨著 Excel 表格資料同步更新？

PPT 裡經常會有各式各樣的資料圖表，一旦圖表中引用的資料變動，要手動更新 PPT 非常耗時間。有沒有方法可以讓 PPT 內的圖表隨著 Excel 表格資料同步更新呢？

1 打開 Excel 檔，選取表格中相對應的資料，按快速鍵【Ctrl+C】複製表格。

員工姓名	四月	五月	六月	七月
表哥	333	460	167	126
鴨子	314	184	137	156
奧菲斯	423	255	355	160
戰戰	134	405	412	102
小美	316	263	149	255
Word姐	399	489	223	182
皮皮涕	369	[illegible]	[illegible]	46
小魚	394	[illegible]	[illegible]	27
柯柯	282	[illegible]	[illegible]	32
牙籤	116	332	230	404
現現	379	234	410	265
么么	383	130	417	119
小植	138	333	330	376

Ctrl + C

2 切換到 PPT，在【常用】頁籤的功能區中按一下【貼上】，在彈出的功能表中選擇【選擇性貼上】。

3 在彈出的【選擇性貼上】對話方塊中選擇【貼上連結】選項，在右側選擇【Microsoft Excel 工作表物件】選項，按一下【確定】按鈕。

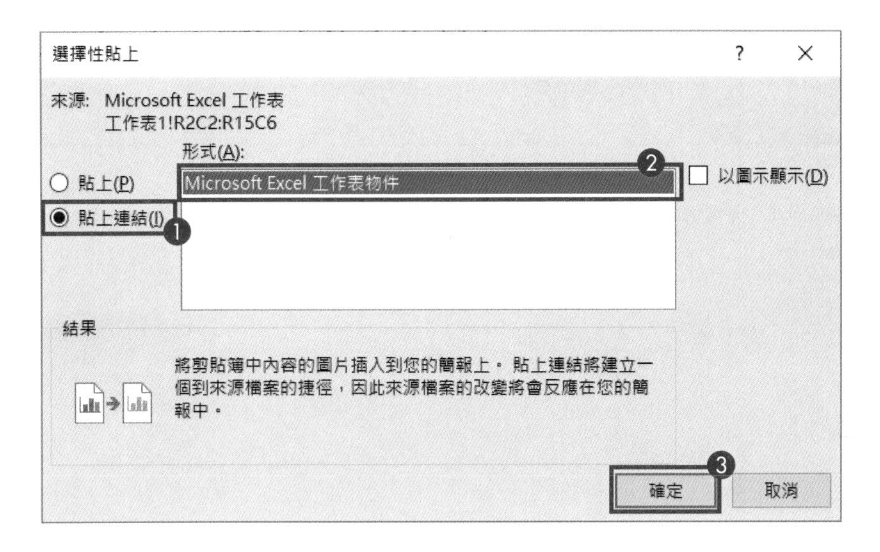

按照這種方式貼上表格就可以讓資料同步更新。

Chapter 03

03 如何避免用 PPT 演講時忘詞？

當你使用 PPT 演講時，是否很容易緊張到忘詞？以下將分享設置「提詞機」的方法。

1 打開 PPT 檔，按一下下方狀態列中的【備忘稿】，在備忘稿中輸入演講內容。

1 按快速鍵【Alt+F5】進入【簡報者檢視畫面】，此時顯示器上除了顯示目前投影片和下一張投影片的預覽，還會出現演講者的備忘稿內容和計時器。

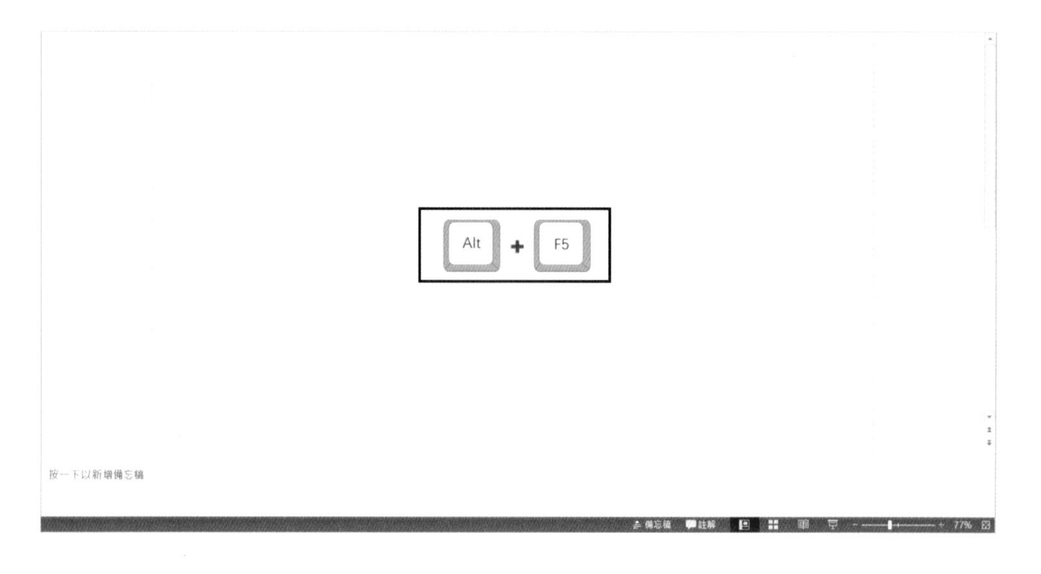

有了「提詞機」，就再也不用擔心演講時忘詞了！

Chapter 03

04 如何去除 PPT 範本中的浮水印？

你是否遇過在網站上下載了很多 PPT 範本，使用時卻發現每一頁都有浮水印無法刪除。其實只要在母片檢視中，選取浮水印並刪除即可。

1 打開簡報檔，在【檢視】頁籤的功能區中按一下【投影片母片】。

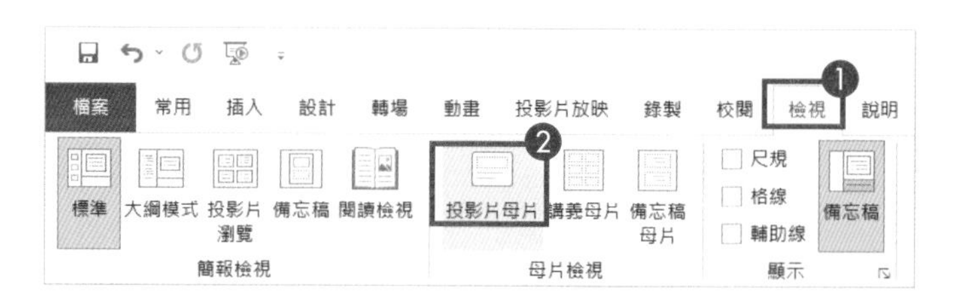

2 打開投影片母片檢視後，在左側母片縮圖中選取有浮水印的頁面，在編輯區中逐一選取並刪除浮水印。

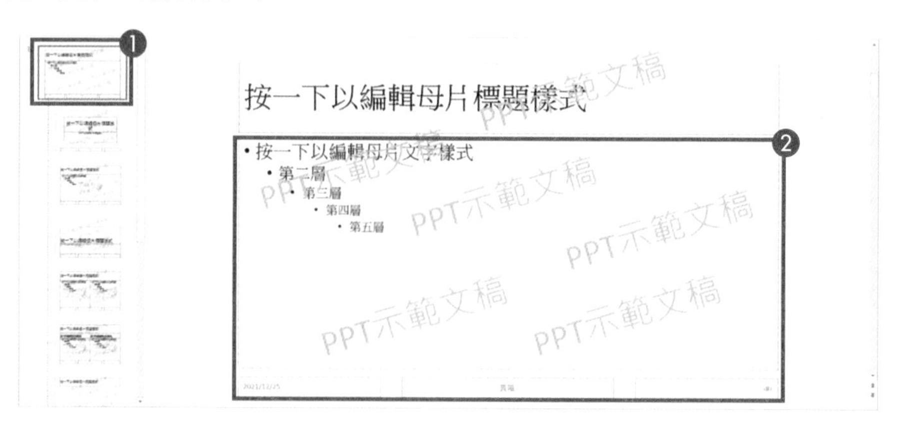

3 在【投影片母片】頁籤中，按一下【關閉母片檢視】退出母片檢視，此時 PPT 範本中就沒有浮水印了。

如何壓縮 PPT 檔案？

當 PPT 內的圖片數量多，每張圖片又很大時，PPT 檔案就會變得很龐大，不管是儲存或傳送都很不方便，此時可以壓縮圖片以縮小檔案。

1 選取圖片，在【圖片格式】頁籤功能區中按一下【壓縮圖片】。

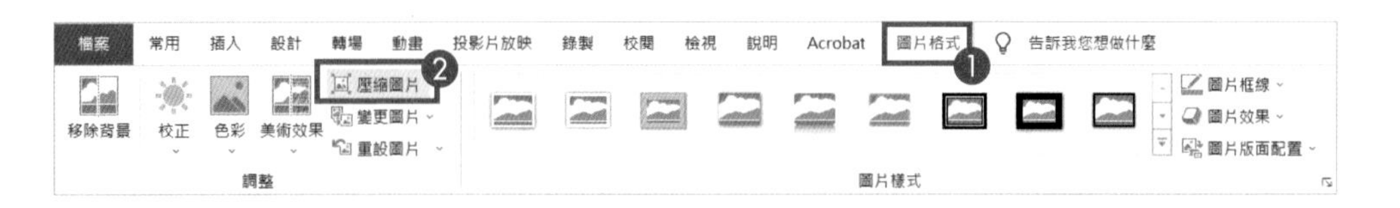

2 在彈出的【壓縮圖片】對話方塊中，選擇【電子郵件（96ppi）：最小化文件以進行共用】選項，按一下【確定】按鈕。

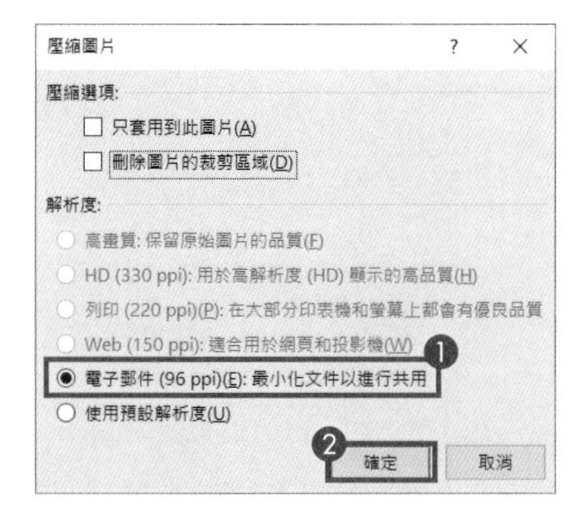

經過這個處理程序後，PPT 檔內的圖片解析度會變低，檔案自然也會變小！

Chapter 03

06 如何將字型內嵌於 PPT 檔案？

辛辛苦苦做了一份漂亮的 PPT，客戶收到打開後卻說字型都亂了。這是因為客戶的電腦沒有安裝 PPT 中使用的字型，該如何解決這個問題呢？

1 在【檔案】頁籤中選擇【選項】。

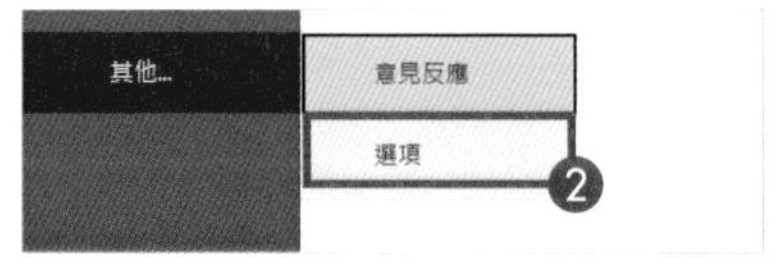

2 在彈出的【PowerPoint 選項】對話方塊中選擇【儲存】選項，在右側選擇【在檔案內嵌字型】選項，按一下【確定】按鈕。

這樣設定之後，無論是誰接收到 PPT 檔，都可以看到漂亮的字型了。

如何使用 PPT 去背？

使用圖片素材時，有時候需要清除圖片中複雜的背景。如果不熟悉 Photoshop，該如何去背呢？以下將說明用 PPT 去背的技巧。

1 選取圖片，在【圖片格式】頁籤的功能區中按一下【移除背景】。

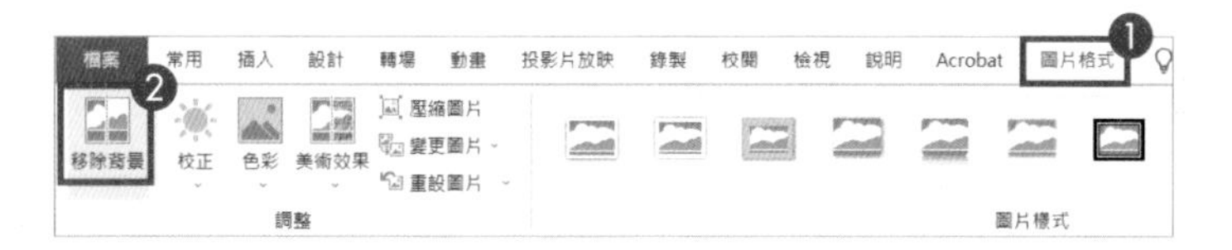

2 如果需要去背的圖片背景單純，素材輪廓明顯，只需調整去背區域，很快就能完成。

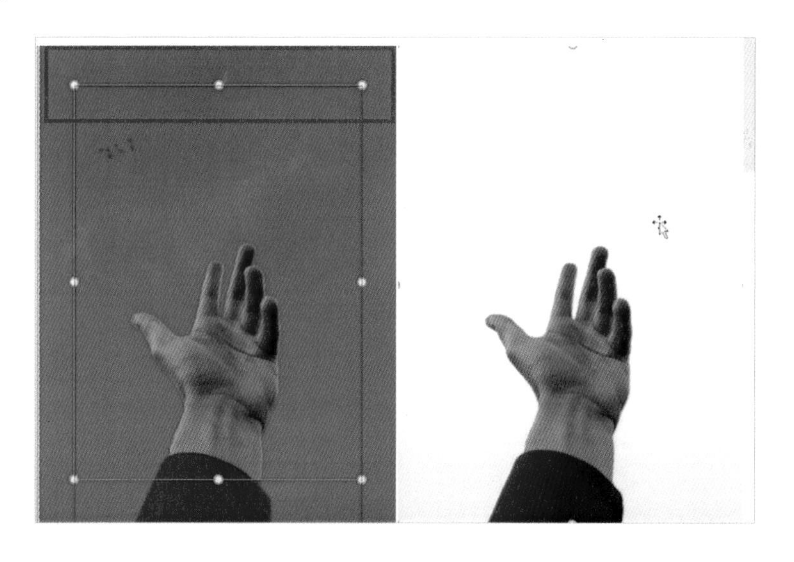

3 如果遇到背景複雜的圖片，按一下【背景移除】頁籤功能區中的【標示要保留的區域】，用畫筆在圖片中標記要保留的部分。

4 再按一下【標示要移除的區域】，用畫筆標示不需要的區域，最後按一下【保留變更】即可完成去背。

用 PPT 去背方便又實用，簡單或複雜的圖片都可以輕鬆搞定！

如何在 PPT 使用超連結？

在播放 PPT 的過程中，利用超連結就可以在同一份檔案的不同投影片之間快速跳轉。

1 選取需要加入超連結的素材物件，在【插入】頁籤的功能區中按一下【連結】。

2 在彈出的【插入超連結】對話方塊中，按一下【這份文件中的位置】，在【選擇文件中的一個位置】選取要跳轉的目標投影片，你可以在【投影片預覽】區檢視選擇是否正確，最後按一下【確定】按鈕，就能插入超連結。

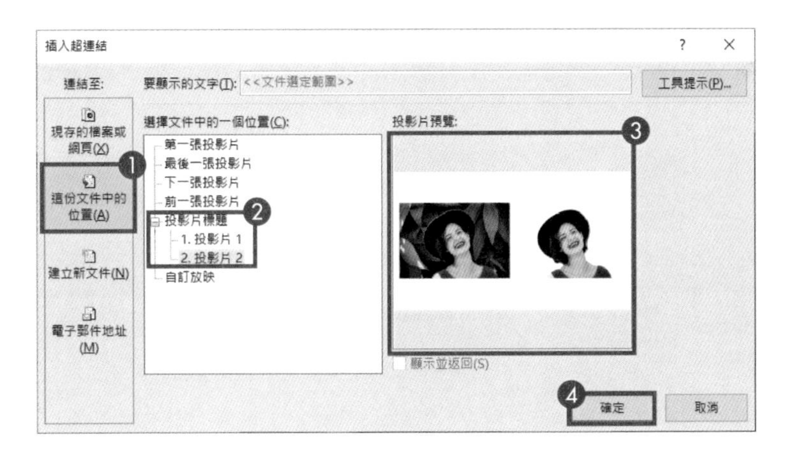

3 如果想將同一個素材物件的連結運用在其他投影片頁面，無須重新設定，只要選取素材物件，按快速鍵【Ctrl+C】和【Ctrl+V】，就可以將超連結複製、貼上到其他頁的投影片。

設定完超連結後，只要按一下素材物件就可以快速跳轉至指定頁面了。

如何為 PPT 檔進行加密？

如果不想讓別人查看重要的 PPT 檔，可以加密存檔。

1 打開 PPT 檔，按一下【檔案】頁籤，選擇【資訊】-【保護簡報】-【以密碼加密】。

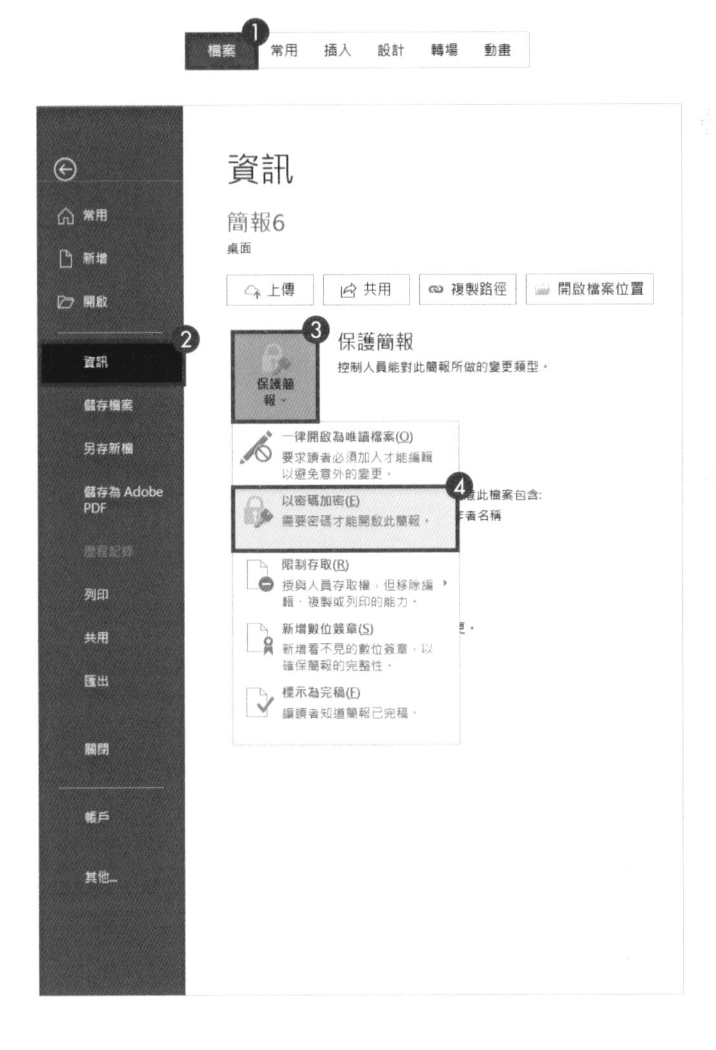

2 在彈出的【加密文件】對話方塊中輸入密碼，按一下【確定】按鈕。

3 在彈出的【確認密碼】對話方塊中重新輸入密碼，按一下【確定】按鈕，最後存檔，完成加密。

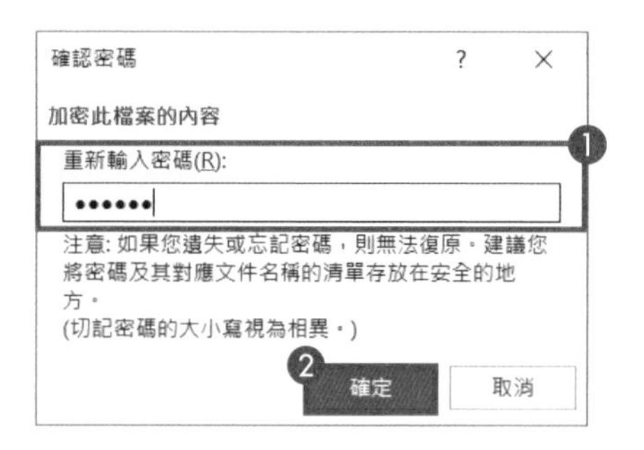

設定密碼之後，必須輸入密碼才能打開這個檔案。

Chapter 03

10 如何在 PPT 輸入數學公式？

PPT 是一種常見的輔助教學工具，可是在備課時會發現有些特殊的公式非常難輸入，如何在 PPT 中輸入複雜的數學公式呢？

1 在【插入】頁籤的功能區中按一下【方程式】。

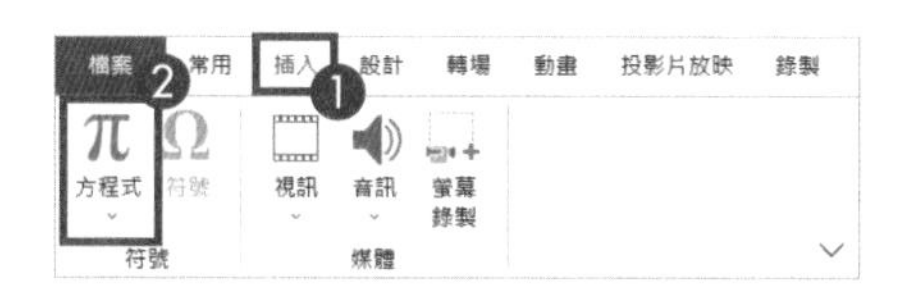

2 在彈出的功能表中選擇【筆跡方程式】。

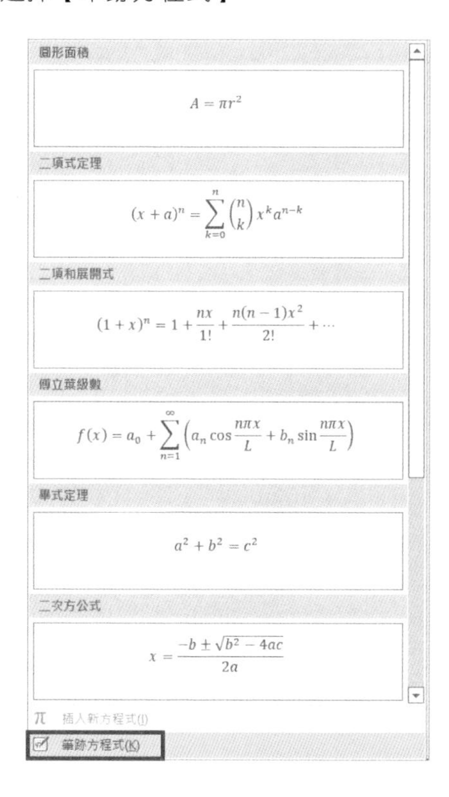

3 在彈出的【數學輸入控制項】對話方塊中，可以直接用滑鼠寫入公式，非常方便快速。

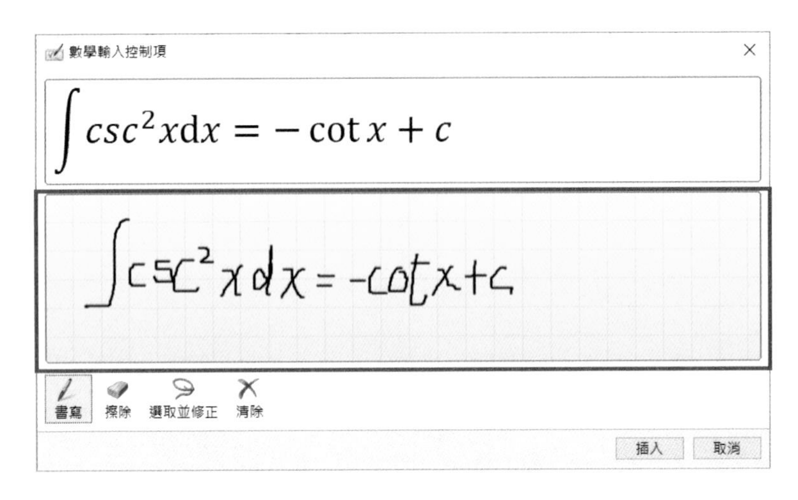

學會這個技巧之後，即使再複雜的公式也能輕鬆輸入！

Chapter

4

PPT 的職場實戰運用

本章主要介紹如何在職場中運用 PPT 的常用技巧，幫助你學會商用 PPT 的製作關鍵，並在工作中脫穎而出。

Chapter 04

01 如何用 PPT 製作一吋照片？

個人證件照需要換底色，卻不會使用 Photoshop 更換色彩，此時該怎麼辦？使用 PPT 也可以快速製作出個人證件照。

1. 在【插入】頁籤的功能區中按一下【圖案】，於彈出的功能表中選擇【矩形】，拖曳滑鼠在投影片中插入一個矩形。

2 製作一吋證件照，需要在【圖形格式】頁籤的功能區中將矩形的【高度】設定為「3.5 公分」，將【寬度】設定為「2.8 公分」；如果製作 2 吋證件照，則需要將【高度】設定為「4.5 公分」,【寬度】設定為「3.5 公分」。

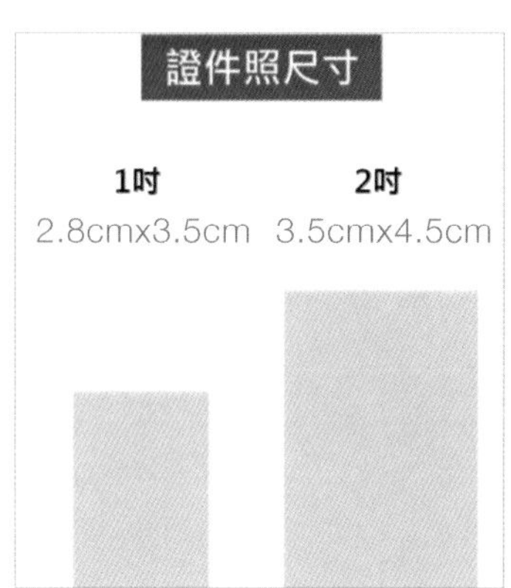

3 在矩形按滑鼠右鍵，於彈出的功能表中選擇【設定圖形格式】。

4 在【設定圖形格式】窗格中，按一下【填滿】群組下的【填滿色彩】，在彈出的面板中選擇【其他色彩】選項。

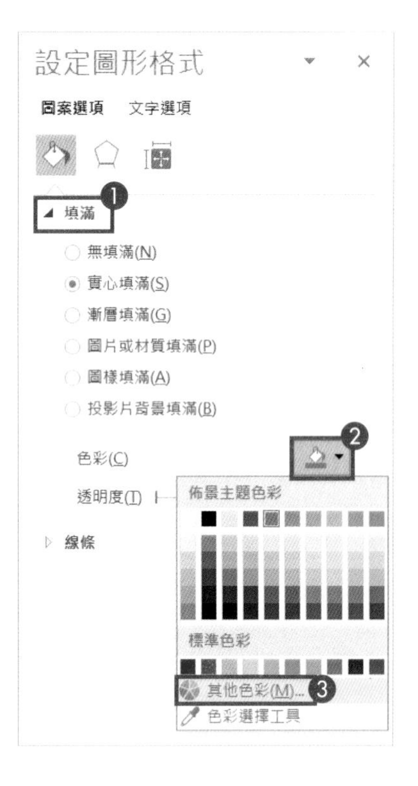

5 如果希望照片為紅底，在【色彩】對話方塊中按一下【自訂】頁籤，將【色彩模式】設定為【RGB 三原色】，把矩形的【紅色】值設定為「220」，【綠色】和【藍色】值均設定為「0」；如果希望照片為藍底，則將矩形的【紅色】值設定為「60」，【綠色】值設定為「140」，【藍色】值設定為「220」，設定完成後按一下【確定】按鈕。

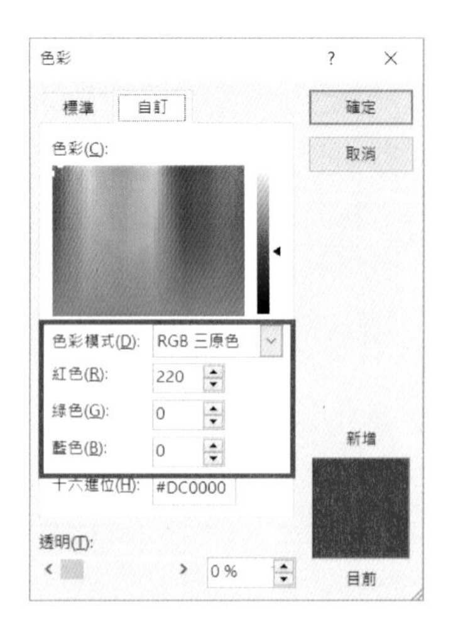

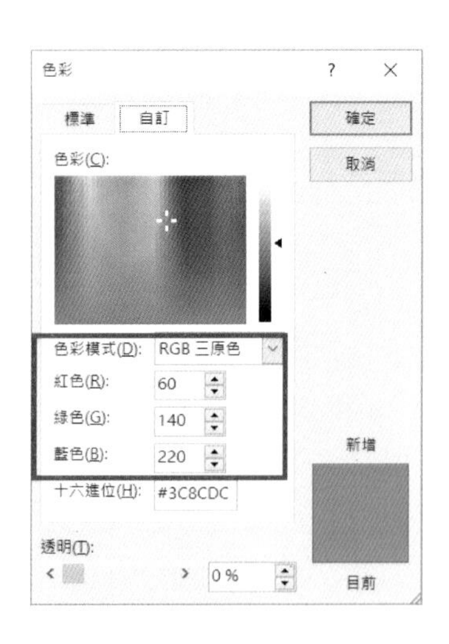

6 在【插入】頁籤的功能區中按一下【圖片】，在彈出的【插入圖片】對話方塊中選取要新增的個人證件照，按一下【插入】按鈕，插入圖片。

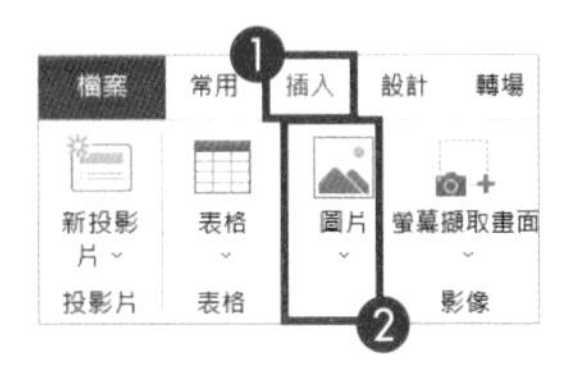

7 選擇插入的圖片，在【圖片格式】頁籤的功能區中按一下【移除背景】，在【背景移除】頁籤的功能區中，按一下【標示要保留的區域】，並在圖片上塗抹出要保留的區域；按一下【標示要移除的區域】圖示，並在圖片上塗抹出要刪除的區域，完成後按一下【保留變更】，退出【移除背景】頁籤。

8 將人物圖片放置在矩形上，按住【Shift】鍵，並按住滑鼠左鍵拖曳人物圖片四周的控制點，將圖片縮放至適合的大小，在人物圖片按滑鼠右鍵，在彈出的功能表中選擇【裁剪】。

9 按住滑鼠左鍵拖曳出現的黑色裁剪框，將人物圖片裁剪至矩形大小。

10 按住【Ctrl】鍵，依序選擇人物圖片和矩形，按快速鍵【Ctrl+G】，將圖片和矩形組成群組；在組成群組後的圖片按右鍵，於彈出的功能表中選擇【另存成圖片】。

11 在【存成圖片】對話方塊中重新命名【檔案名稱】，並按一下【儲存】按鈕。

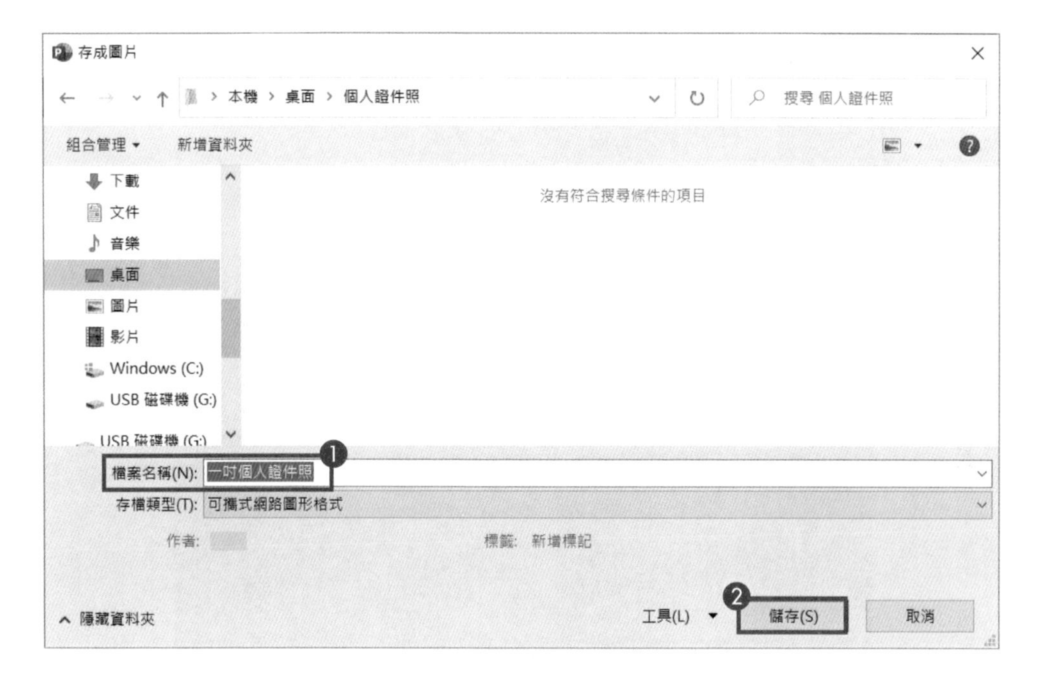

Chapter 04

02 如何讓純文字 PPT 顯得簡約大方？

進行年終報告時，常需要使用純文字的 PPT。如何將純文字的 PPT 做得有質感，而不只是單純的把文字放上去呢？

1 先整理結構，歸納出每一頁的關鍵字。

2 選擇較粗的字型，這裡推薦：「思源黑體」及「思源宋體」，字型大小可以設定為 120 ～ 160。

3 在文字方塊上按一下滑鼠右鍵，在彈出的功能表中選擇【設定圖形格式】。

4 在【設定圖形格式】窗格中，按一下【文字選項】頁籤，將【文字填滿】設定為【漸層填滿】，把【類型】設定為【輻射】，【方向】設定為【從中央】，分別設定漸層停駐點為白色到金色，在文字套用金色漸層的質感並加上英文，這樣就不會覺得單調了。

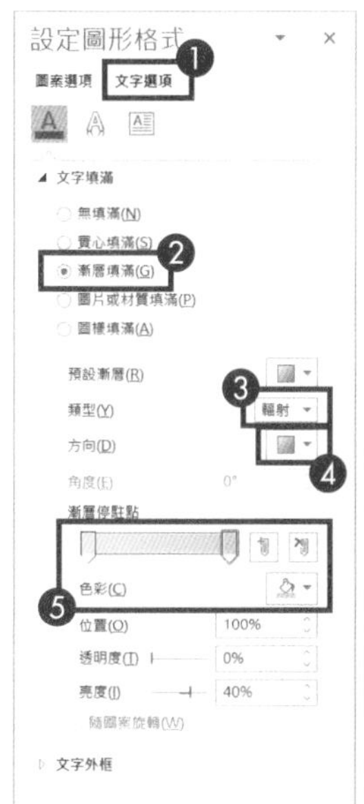

5 在 PPT 頁面上按一下滑鼠右鍵，於彈出的功能表中選擇【設定背景格式】。

6 在【設定背景格式】窗格中，將【填滿】設定為【圖片或材質填滿】，在【圖片來源】群組中按一下【插入】按鈕。

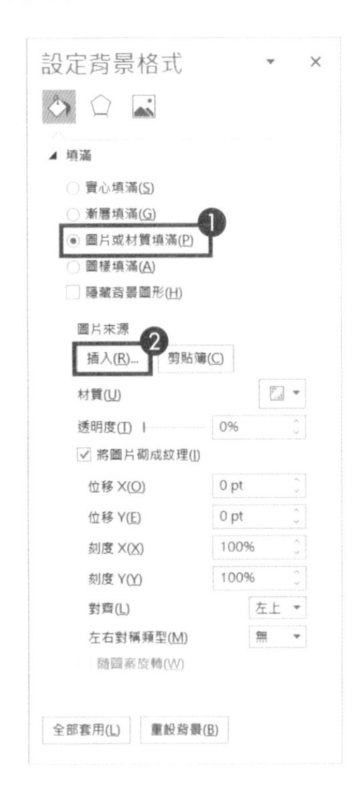

7 在【插入圖片】對話方塊中選擇【從檔案】選項，在【插入圖片】對話方塊中選取要插入的背景圖片，按一下【插入】按鈕，就可以更換背景。

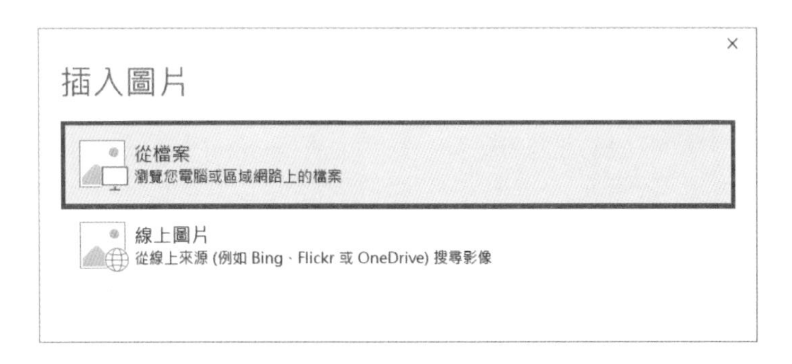

用這種方式製作純文字的 PPT 不但簡潔大方，還能節省許多時間。

Chapter 04

03 如何設計介紹團隊成員的 PPT ？

製作介紹團隊的 PPT 時，你是否還在一張一張調整圖片大小與位置？趕快把這一招學起來吧！這樣你就能快速完成介紹團隊 PPT 的圖片排版。

1 選取所有團隊成員的圖片。

2 在【圖片格式】頁籤的功能區中按一下【圖片版面配置】，在彈出的功能表中選擇合適的圖片型 SmartArt 圖示，這裡以選擇【彎曲圖片半透明文字】為例，圖片就會自動對齊排列。

3 按住滑鼠左鍵拖曳 SmartArt 圖形左右兩邊的控點，SmartArt 就會自動按照寬度來調整圖片。

4 在 SmartArt 圖形上按一下滑鼠右鍵，於彈出的功能表中按一下【樣式】、【色彩】、【版面配置】進行調整。

5 最後為投影片加上團隊介紹和名稱即可。

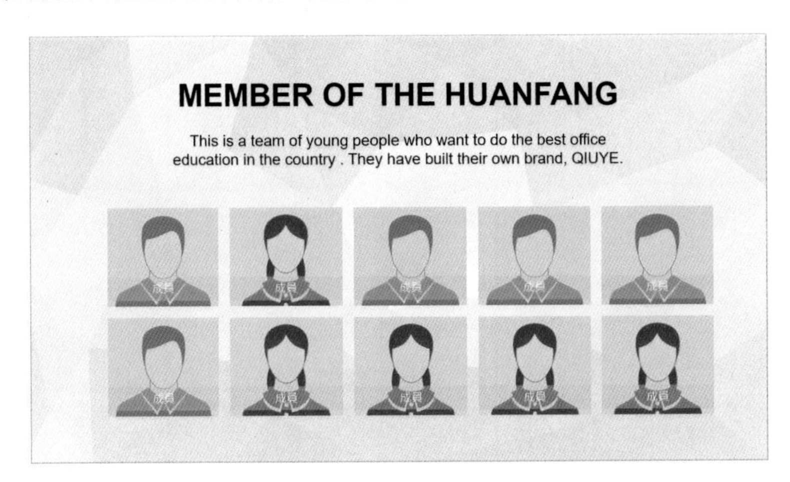

團隊介紹還可以選擇【標號圖片】、【六邊形圖組】、【圖片格線】等常用版型。

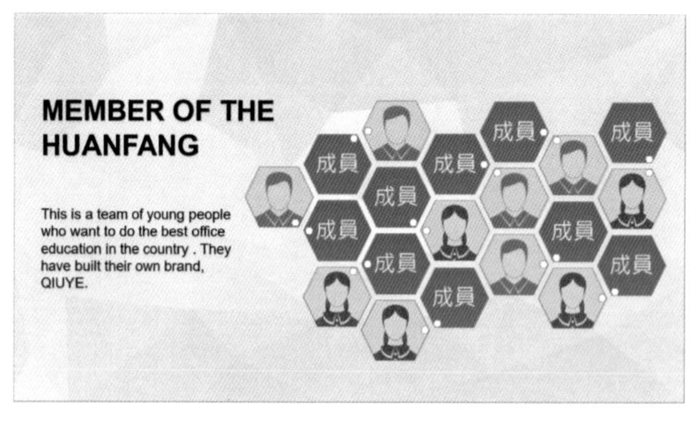

Chapter 04

04 如何設計公司的組織架構圖？

當主管要求你製作公司的組織架構圖時，你是否還在用一個個文字方塊和直線慢慢繪製？以下介紹的技巧能讓你快速搞定公司的組織架構圖。

1 先將公司的架構名稱複製到 PPT 的文字方塊。

2 按【Tab】鍵將架構名稱分級，按一下是一級，按兩下是兩級，以此類推，完成組織架構的分級。

3 選取文字方塊，在【常用】頁籤的功能區中按一下【轉換為 SmartArt】。

4 在彈出的功能表中選擇【其他 SmartArt 圖形】。

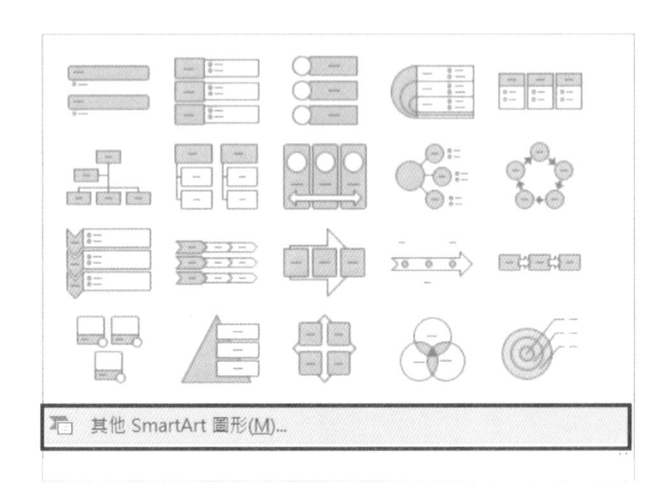

5 在彈出的【選擇 SmartArt 圖形】對話方塊中選擇【階層圖】裡的【組織圖】，按一下【確定】按鈕，就能產生組織架構圖。

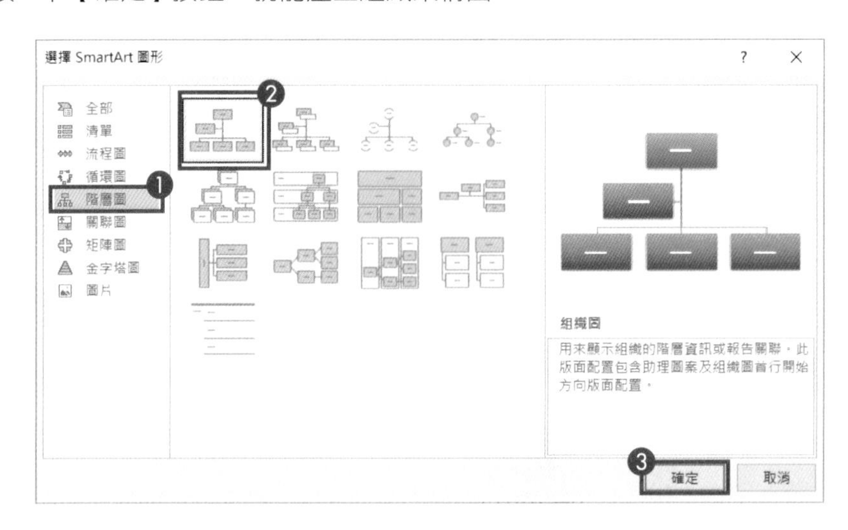

6 在組織架構圖上按一下滑鼠右鍵，還可以在彈出的功能表上方按一下相對應的圖示，完成各項設定。

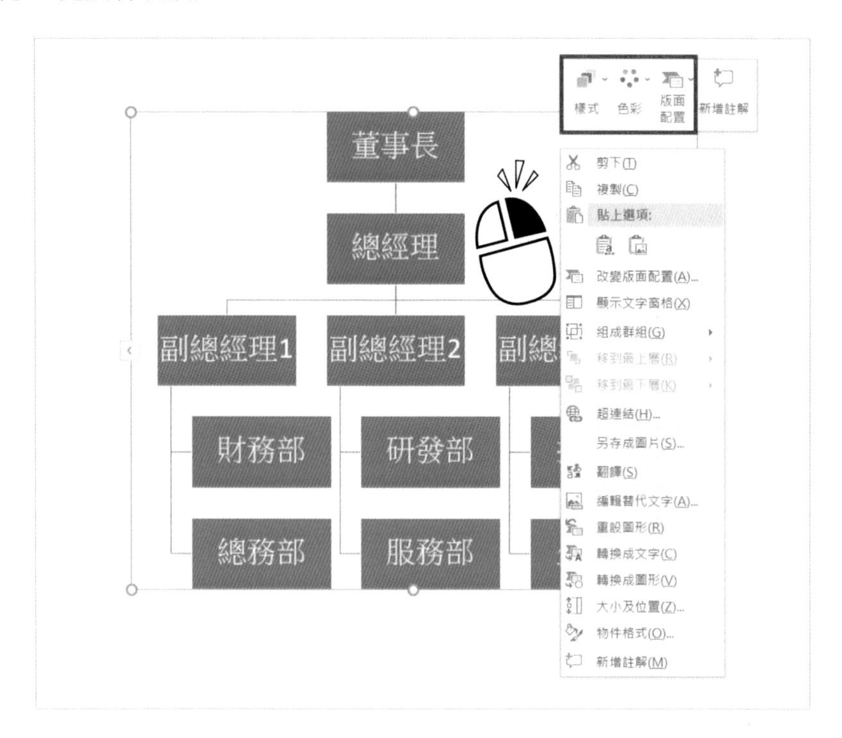

Chapter 04

05 如何製作出精彩的結尾？

你的 PPT 在結束時，是不是還在用「謝謝」或「感謝聆聽」這樣的文字呢？我們一起來看看以下三種 PPT 的結束設計。

1. 直接放上企業 Logo

這種方式很適合企業對外簡報時使用，看起來非常正式、專業，可以展現企業的形象，增強觀眾的記憶，同時還能發揮畫龍點睛的效果。

2. 表達企業願景

用「金句」或名人名言作為結尾，一方面能夠傳達演講者和企業的核心價值觀，另一方面也能夠抒發情懷，引起觀眾共鳴。

3. 留下聯絡方式

想吸引人才或爭取合作機會，可以直接輸入你的聯絡方式，以便和現場聽眾進一步交流。

Chapter 04

06 年終報告 PPT 要避免哪些「陷阱」？

你的年終報告 PPT 踩「雷」了嗎？以下將介紹如何避免年終報告 PPT 落入四大「陷阱」。

1. 封面別用生硬嚴肅的標題

可以用口號型標題來鼓舞士氣，給人開門見山的感覺，這種用法在年終報告 PPT 中比較常見。

還可以用數字型標題。用資料説話，以一個數字作為支撐點，主要內容圍繞著數字説明，包括運用手法、銷售金額或其他資料等。

2. 內容別用雜亂無章的文字

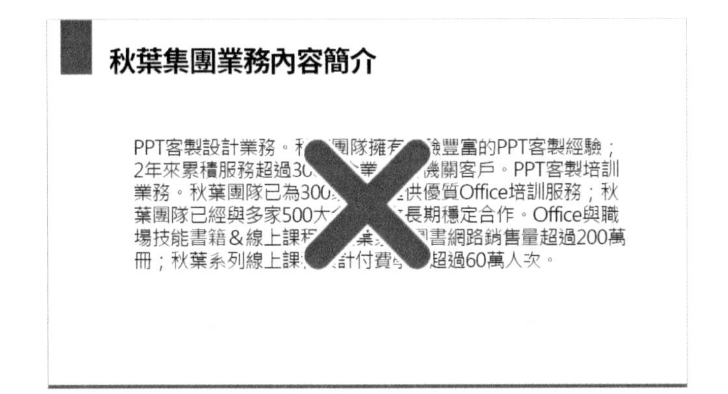

利用分段突顯標題，讓內容層次更加清楚，並強調重點內容。

秋葉集團業務內容簡介

PPT客製設計業務

秋葉團隊擁有經驗豐富的PPT客製經驗；
2年來累積服務超過300個企業/政府機關客戶。

PPT客製培訓業務

秋葉團隊已為300家企業提供優質Office培訓服務；
秋葉團隊已經與多家500大企業建立長期穩定合作。

Office與職場技能書籍＆線上課程

秋葉系列圖書網路銷售量超過200萬冊；
秋葉系列線上課程累計付費學員超過60W人次。

3. 要將資料清楚呈現出來

秋葉短片部門遲到次數統計

我們部門的遲到次數位列 組員們競爭激烈，最終的
尾聲是，Word姐因為洗頭遲 次，表哥在路上幫警察叔
叔填表遲到425次，主管因 上的小動物遲到90次，小
美因為鬧鐘沒響遲到21 辛萊 為總是找藉口被保全攔
住遲到345次。

利用圖表呈現資料，讓內容更加直覺。

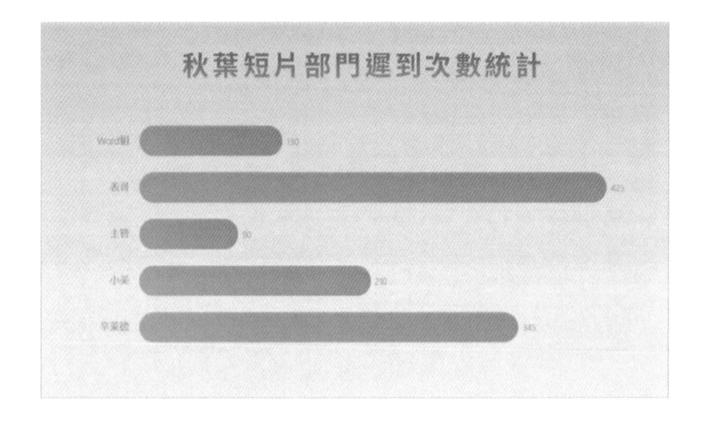

4. 結尾避免使用「謝謝聆聽」

可以使用感謝型、展望型等結束語。

避開上面四大「陷阱」，就能大幅提升年終報告 PPT 的品質。

Chapter 04

07 如何整理年終報告的框架？

還在為年終報告不知道從哪著手而煩惱嗎？快來看看年終報告的通用範本吧。年終報告通常包含四個區塊。

1. 工作業績

包括今年業績是否達標，完成了哪些項目及工作進展。

工作業績
Achievement
業績是否達標
完成哪些項目
工作進展程度

2. 成功經驗

包括今年改善了哪些工作流程，有沒有拓展工作管道，節省了哪些成本等。

成功經驗
Experience
優化哪些流程
擴大哪些管道
節省哪些成本

3. 問題分析

可以描述目前工作面臨的挑戰是什麼原因導致的，準備如何因應。

問題分析
Analysis

面臨哪些挑戰

什麼原因導致

準備如何因應

4. 未來計畫

可以寫下自己對於明年的規劃，需要什麼支援，設定好初步目標。

未來計畫
Plan

下一步的安排

需要什麼支援

設定初步目標

依上述四個重點歸納年終報告，結論會更清楚，容易解釋。

Chapter 04

08 如何製作不套用範本的 PPT ?

接到要製作 PPT 的任務，你是不是馬上就想找範本呢？工作場合使用的 PPT 比較適合簡潔大方的風格，不需要製作得過於複雜，只要做到以下五點就可以讓你的 PPT 充滿設計感。

1. 只用純白底色

白色可以搭配任何色彩，在色彩的還原度上，白色背景的表現更加優秀，而且白色與其他色彩相比，更能給人一種純淨的感覺。

2. 挑選八種色彩，並且只用這八種

這八種色彩分別為黑色、白色、深灰、淺灰、深主色、淺主色、深亮色、淺亮色。

這八種色彩可以分成三大類。

（1）黑白灰色：黑白的作用是可以強調重點，灰色能當成底色或襯托，如下圖右側所示。

（2）深淺主色：主色是用得最多的色彩，可以奠定基調，如熱烈紅、明亮橙、沉靜藍、清新綠，一般可選擇公司 Logo 的色調。

（3）深淺亮色：如果主色比較沉穩，可能需要一點明亮色系強調重點、提亮畫面。

這八種色彩的用法沒有固定的規則。有時用三種顏色也可以做出很好的效果，例如以下這種只有黑白藍三色的投影片。

3. 先想好內容再找合適的版面配置

先想好頁面內容，再挑選版面配置。

4. 選擇適合的版面，「簡要」地參考設計

不可以直接仿造你挑選的版面，參考方法也是有技巧的。

① 只參考最簡單的排版設計，複雜的設計製作起來費時費力，得不償失。

② 簡要地參考設計：設計感強的 PPT 通常包含了豐富的細節，你只要參考大致的設計即可。

③ 設定色彩：這一點絕對不能偷懶，選好色彩搭配，可以大幅提升 PPT 的設計感。

例如，你可以參考的排版如下。

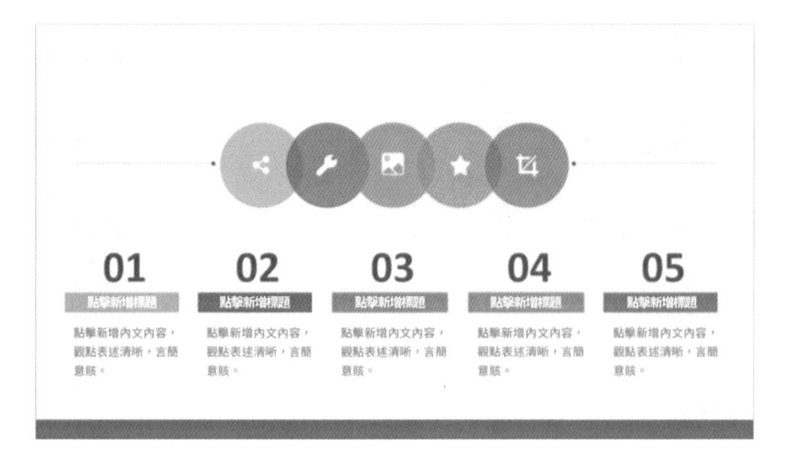

我們可以簡化為以下這樣，省略許多細節。

5. 一絲不苟的對齊

注意對齊文字、統一細節：白底黑字、少量色彩、字型大小統一、段落字句等處處對齊，這樣 PPT 就會變得截然不同。

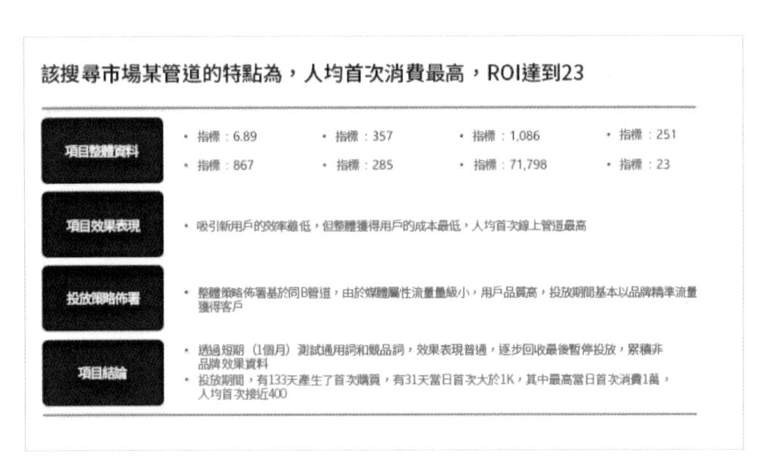

PPT 是重要的溝通工具，要呈現出大方專業的效果，想製作出有設計感的簡報，建議用白底黑字、統一字型、少許色彩、圖文對齊⋯等設計重點。

PART 3

PPT 酷炫特效

在基本的 PPT 內容上，製作出酷炫的亮點，就能吸引觀眾的注意力，讓人印象深刻。製作酷炫特效的重點在於標題設計和動畫設計，本章將介紹創意十足的文字特效和視覺衝擊力極強的動畫特效製作方法。

Chapter

5

PPT 的酷炫文字特效

本章主要介紹文字的特效技巧，這些技巧格外適合用於封面標題和重點頁面的關鍵文字設計，可以製作出讓人眼睛為之一亮的酷炫效果。

01 如何做出粉筆字效果？

02 如何做出漸層文字效果？

03 如何做出抖音文字效果？

04 如何製作鏤空文字效果？

05 如何製作有 3D 透視感的文字效果？

06 如何在 PPT 中製作滾動字幕？

07 如何製作環形文字？

08 如何製作綜藝風格的立體文字？

09 如何將人像素材與字型結合？

01 如何做出粉筆字效果？

無論是教學工具或報告，製作這類校園主題的 PPT 時，我們都可以嘗試在文字加上粉筆字效果，讓 PPT 更加符合校園場景，整體風格也會顯得活潑。如何製作出這種酷炫的粉筆字特效呢？

酷炫的粉筆字特效

1 在【插入】頁籤的功能區中按一下【圖案】，在彈出的功能表中選擇【手繪多邊形：徒手畫】。

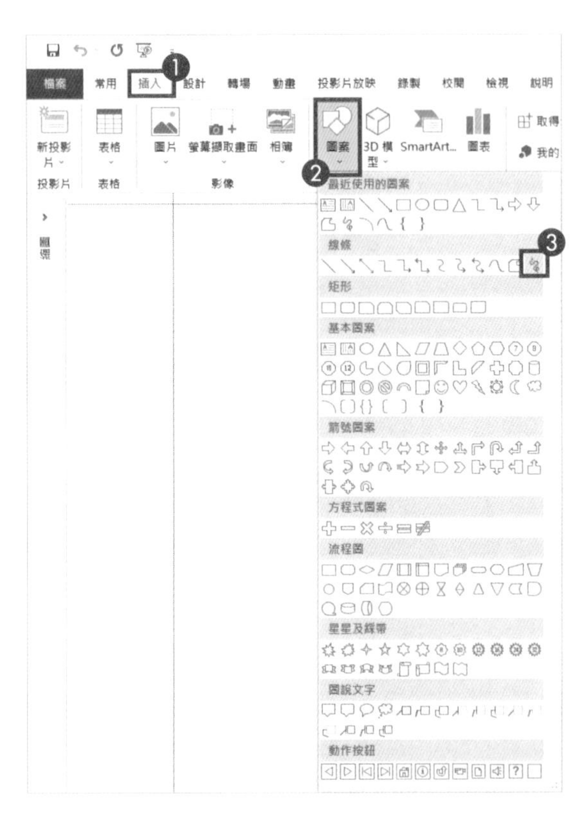

2 隨意繪製一條曲線，按住【Ctrl】鍵的同時將曲線向右拖曳一小段距離，複製出一條曲線；按【F4】鍵重複上一步操作，多複製出幾條曲線。

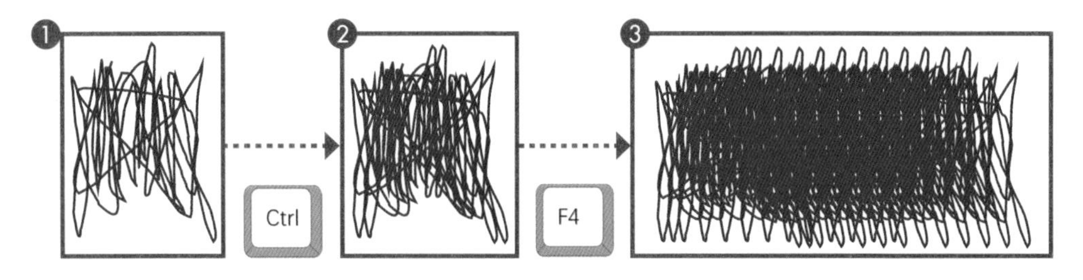

3 選取所有繪製出來的曲線，按快速鍵【Ctrl+G】將曲線組合在一起。

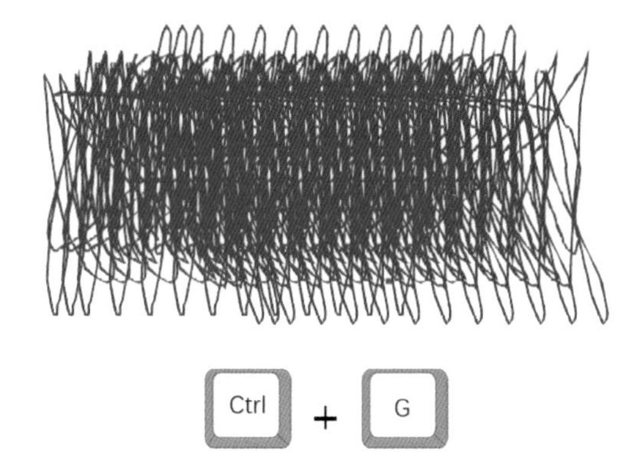

4 選取曲線群組，按一下滑鼠右鍵後在彈出的功能表中選擇【複製】；在空白處按一下滑鼠右鍵，在彈出功能表的【貼上選項】群組中選擇【貼上為圖片】。

5 在圖片上按一下滑鼠右鍵，於彈出的功能表中選擇【裁剪】，拖曳裁剪框，將邊緣線條較為稀疏的部分裁剪掉。

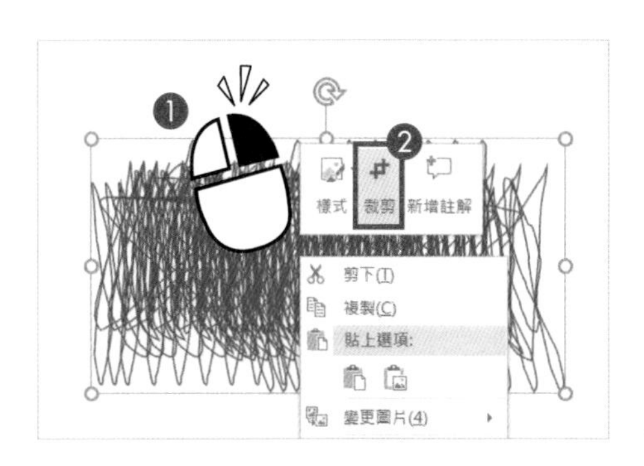

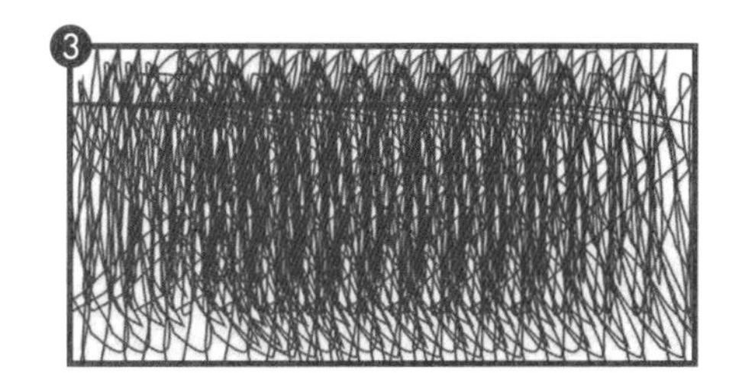

6 在裁剪後的圖片上按一下滑鼠右鍵，於功能表中選擇【複製】，再按一次滑鼠右鍵點選需要修改的文字方塊，在彈出的功能表中選擇【設定圖形格式】。

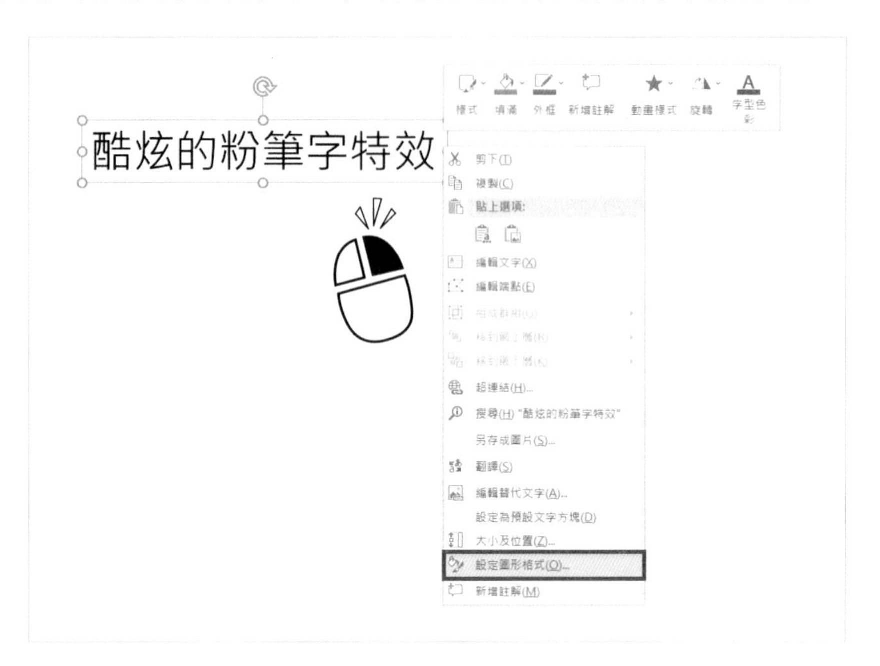

7 在【設定圖形格式】窗格中按一下【文字選項】，在【文字填滿】群組中選擇【圖片或材質填滿】選項，在【圖片來源】群組中按一下【剪貼簿】按鈕。

透過以上操作，酷炫的粉筆字效果就完成了。此外，還可以利用修改曲線的顏色來調整粉筆字的顏色。

Chapter 05

02 如何做出漸層文字效果？

漸層文字的效果豐富了文字的表達層次，一直以來深受設計師的喜愛。用 PPT 設計漸層字其實也非常簡單。

漸層文字特效

1. 製作漸層文字效果需要將文字拆成每個文字方塊內僅有一個文字。首先，在【插入】頁籤的功能區中按一下【文字方塊】，在 PPT 中按一下，插入一個文字方塊並輸入第一個字。

2. 按住【Ctrl】鍵的同時將文字方塊向右拖曳，複製一組文字，讓兩個文字的一小部分重疊在一起。

3. 按【F4】鍵重複上一步操作，複製出足夠數量的文字方塊，然後逐一更改文字方塊內的內容。

漸層文字特效

4 用滑鼠框選所有文字方塊，在文字方塊上按一下滑鼠右鍵，在彈出的功能表中選擇【物件格式】。

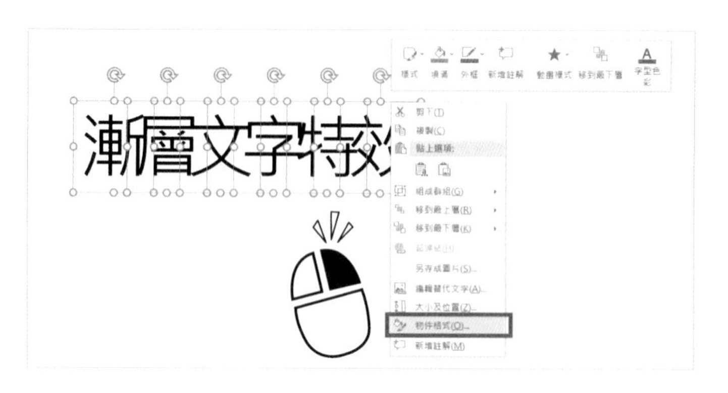

5 在彈出的【設定圖形格式】窗格中按一下【文字選項】頁籤，然後按一下【文字填滿】，在【文字填滿】群組中選擇【漸層填滿】選項。

6 調整漸層設定。【類型】設定為【線性】,【角度】設定為【0°】。設定兩個漸層停駐點為同一色彩，左側漸層停駐點【位置】為【0%】，透明度為【0%】；右側漸層停駐點【位置】為【100%】，透明度為【100%】。

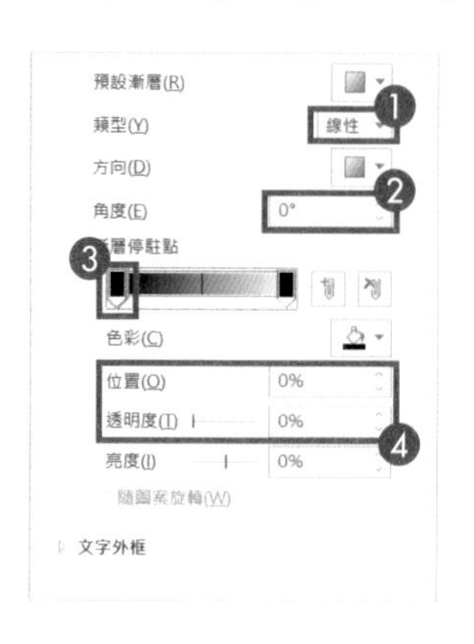

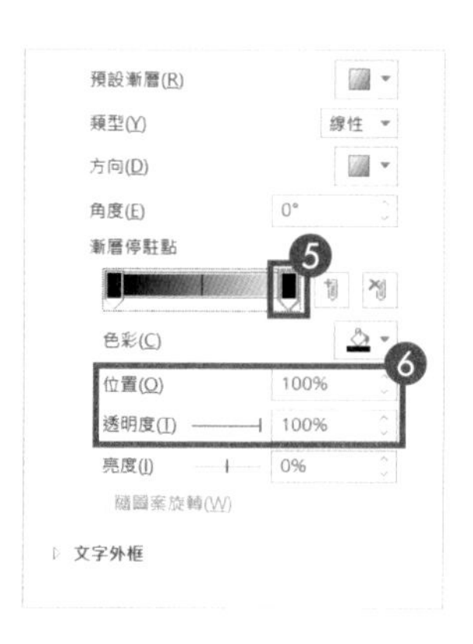

這樣就完成漸層文字的效果了，你可以進一步調整漸層色彩，製作出更豐富的漸層文字效果。

Chapter 05

03 如何做出抖音文字效果？

抖音文字特效是現在非常流行的設計風格，如何用 PPT 製作抖音文字特效呢？

1 選取需要製作抖音文字效果的文字方塊，按兩次快速鍵【Ctrl+D】，複製出兩個文字方塊。

2 選取原始的文字方塊，在【圖形格式】頁籤的功能區中按一下【文字填滿】，在彈出的功能表中選擇【其他填滿色彩】。

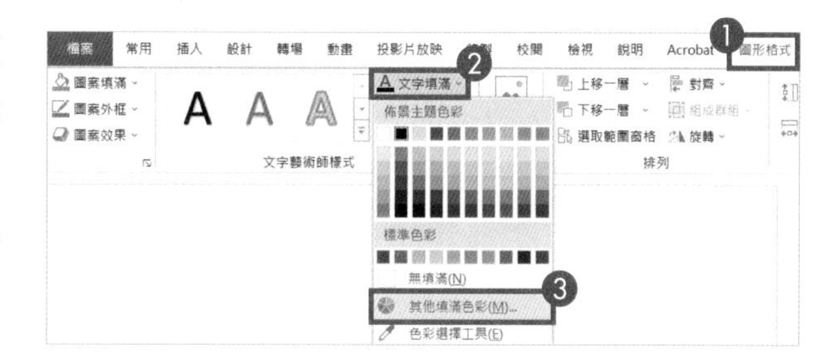

3 在彈出的【色彩】對話方塊中，選擇【自訂】頁籤，將色彩模式改為【RGB 三原色】，並分別將【紅色】、【綠色】、【藍色】的數值設定為「39」、「242」、「241」，按一下【確定】按鈕。

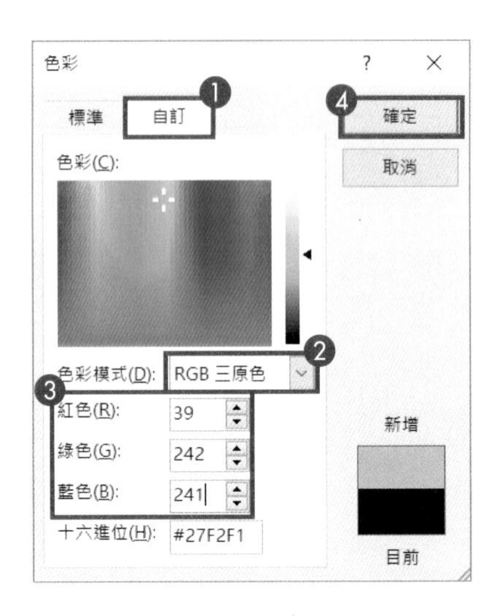

4 選取複製出的第一個文字方塊，重複步驟 2 和步驟 3 的操作，再將【紅色】、【綠色】、【藍色】的數值分別設定為「255」、「25」、「85」。

5 選取複製出的第二個文字方塊，在【圖形格式】頁籤的功能區中點選【文字填滿】，在彈出的功能表中選擇【白色】。

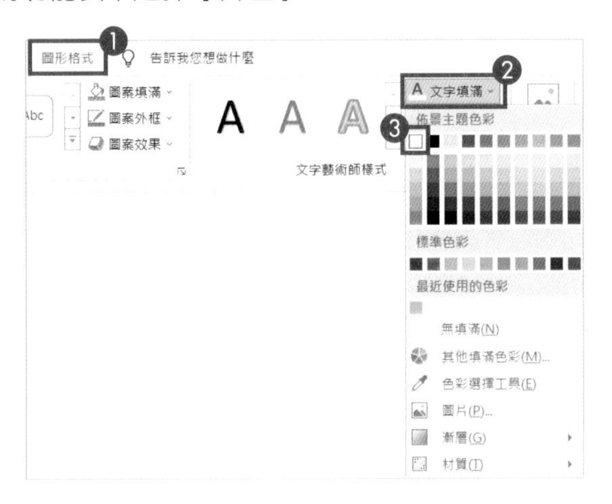

6 在頁面空白處按一下滑鼠右鍵，於彈出的功能表中選擇【設定背景格式】，在【設定背景格式】窗格中的【填滿】群組選擇【實心填滿】選項，修改【色彩】為【黑色】。

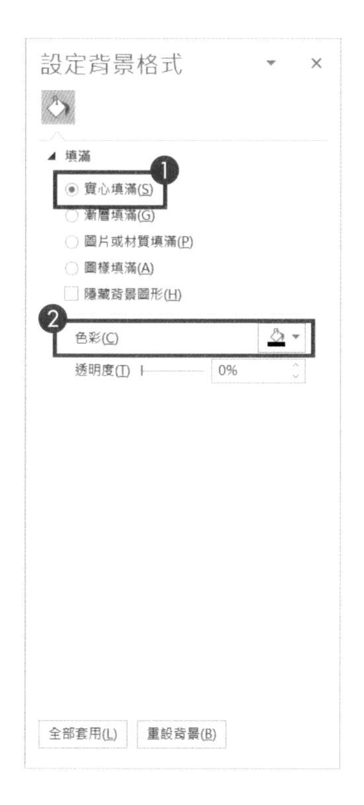

7 框選所有文字方塊，在【圖形格式】頁籤的功能區中按一下【對齊】，並依序選擇【水平置中】和【垂直置中】選項。

Chapter 5 PPT的酷炫文字特效

8 在【常用】頁籤的功能區中按一下【排列】，在彈出的功能表中選擇【選取範圍窗格】。

9 在彈出的【選取範圍】窗格中可以看到，「文字方塊 1」位於最底層，「文字方塊 3」位於最頂層，「文字方塊 2」位於中間層。選擇「文字方塊 1」，按鍵盤方向鍵的【左】、【上】各 4 次；選擇「文字方塊 2」，按鍵盤方向鍵的【右】、【下】各 4 次。

抖音風格文字就製作完成了。

04 如何製作鏤空文字效果？

想把一張好看的圖片放入 PPT 中使用，搭配鏤空的文字效果是最適合的選擇，這樣可以讓 PPT 顯得既有質感又有個性。如何在 PPT 中製作鏤空文字呢？

1. 製作鏤空文字效果時，頁面的主要元素有三個，最底層是圖片，然後是形狀，最頂層是文字。首先要調整好各個元素的位置。

2. 按住【Ctrl】鍵，依序按一下選擇形狀、文字。

3. 在【圖形格式】頁籤的功能區中按一下【合併圖案】，在彈出的功能表中選擇【剪去】，鏤空文字效果就製作完成了。

此外，我們還可以將底層的圖片換成影片，這樣就能做出動態的鏤空文字效果。

Chapter 05

05 如何製作有 3D 透視感的文字效果？

將文字 3D 旋轉後擺放在道路上，立刻就能營造出空間感，這樣的文字效果與圖片結合之後會顯得更自然。如何在文字套用 3D 旋轉效果呢？

1 按一下選取文字所在的文字方塊，在【圖形格式】頁籤的功能區中按一下【文字效果】，在彈出的功能表中選擇【轉換】-【梯形：向上】。

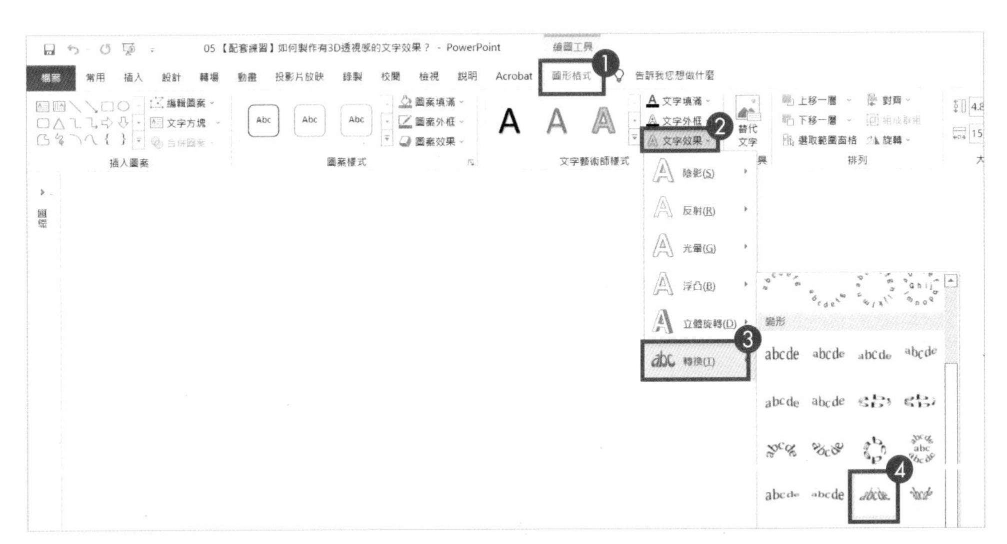

2 拖曳「調整控點」(淡黃色控點)，改變文字的傾斜角度。

3 根據道路形狀，進一步調整文字大小、位置和傾斜角度，便可以製作出把文字鋪在道路上的效果。

這裡主要是用到了【文字效果】→【轉換】效果的其中一種。轉換效果還有很多種類，搭配不同的使用情境，能製作出更多好看的設計，你可以多多嘗試。

Chapter 05

06 如何在 PPT 中製作滾動字幕？

利用滾動字幕效果可以在播放音樂時顯示歌詞，或列出專案的團隊分工等。這種滾動字幕效果只需要簡單幾個步驟就可以設計出來。

1. 選取字幕所在的文字方塊，在【動畫】頁籤的功能區中按一下【新增動畫】，在彈出的功能表中選擇【其他移動路徑】。

2. 在彈出的【新增移動路徑】對話方塊中，選擇【向上】選項。

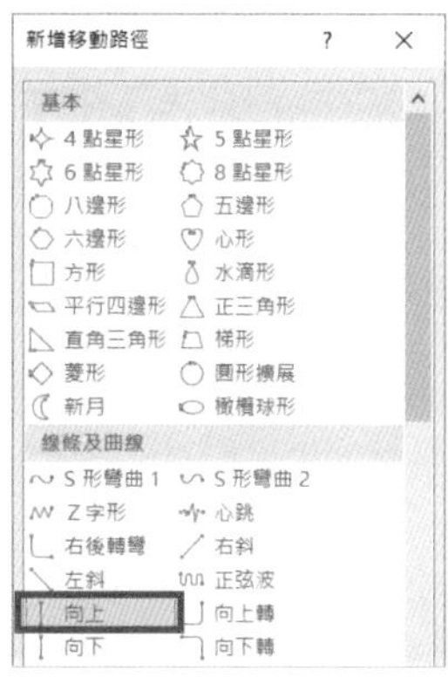

3 完成上一步設定後，文字方塊上將出現兩個圓圈，其中綠色圓圈代表動畫的起始位置，紅色圓圈代表動畫的結束位置。選取對應的圓圈，調整圓圈可以改變動畫開始與結束的位置。

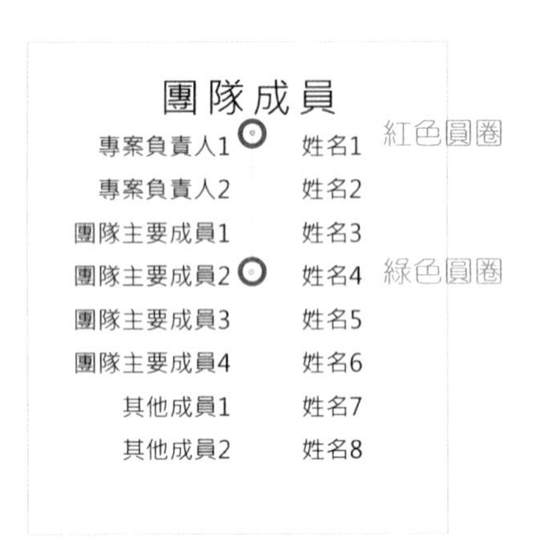

4 選取文字方塊，在【動畫】頁籤功能區中的【期間】輸入框中使用上下按鈕或手動調整時間。

5 在【動畫】頁籤的功能區中按一下【動畫】群組右下角的展開按鈕。

6 在彈出的【向上】對話方塊中，拖曳【平滑開始】和【平滑結束】的調整桿，可以調整動畫的平滑度。如果希望字幕均速捲動，請將【平滑開始】和【平滑結束】時間皆設定為「0」，最後按一下【確定】按鈕。

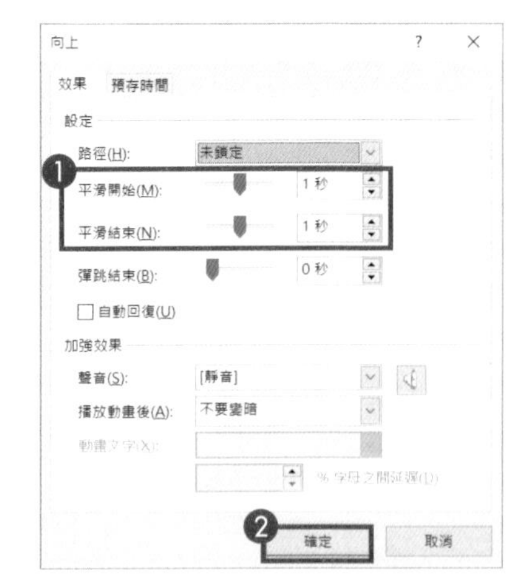

Chapter 05

07 如何製作環形文字？

製作環形邏輯圖時，直接擺放邏輯圖中的文字會顯得非常生硬。此時，可以試著製作環形文字，這樣能更符合想呈現的邏輯。可是該怎麼製作出這種效果呢？

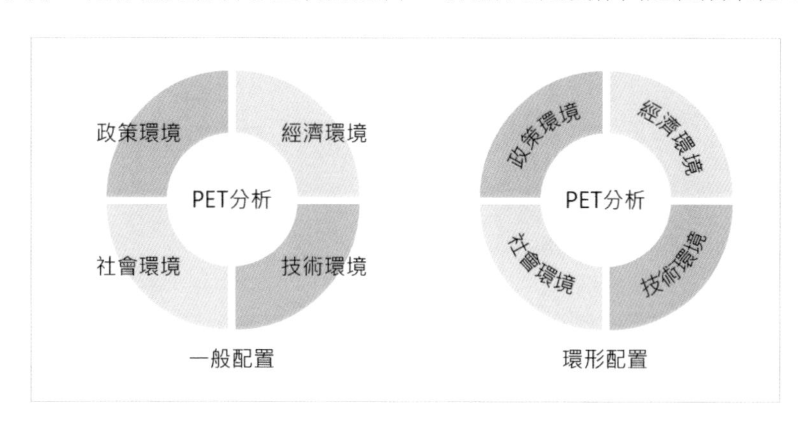

1. 選取文字所在的文字方塊，在【圖形格式】頁籤的功能區中按一下【文字效果】，在彈出的功能表中選擇【轉換】-【弧形】。此處必須特別注意下半圓的文字要選擇【弧形：向下】。

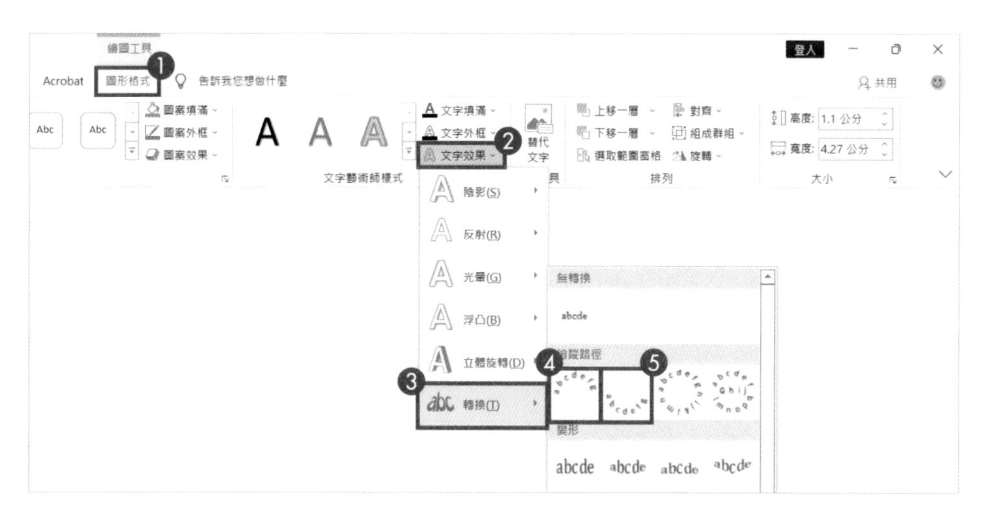

2 在【圖形格式】頁籤的功能區中，將【大小】中的「長和寬」設定成一樣，例如皆設定為「5 公分」。

3 轉動文字方塊的「旋轉手把」，將文字旋轉至符合環形的位置。

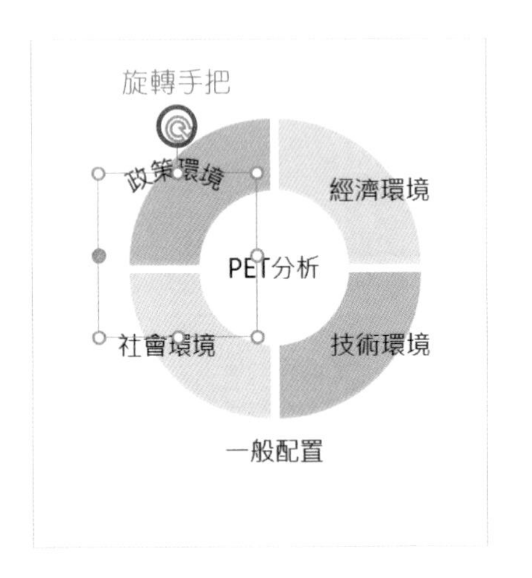

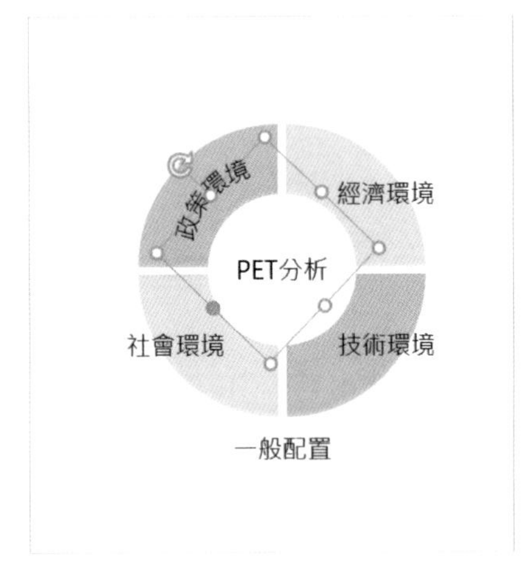

Chapter 05

08 如何製作綜藝風格的立體文字？

許多綜藝節目常將文字變立體並旋轉，構建出一個立體空間。如何製作這種立體的文字效果呢？

1 在第一個文字方塊按一下滑鼠右鍵，於彈出的功能表中選擇【設定圖形格式】。

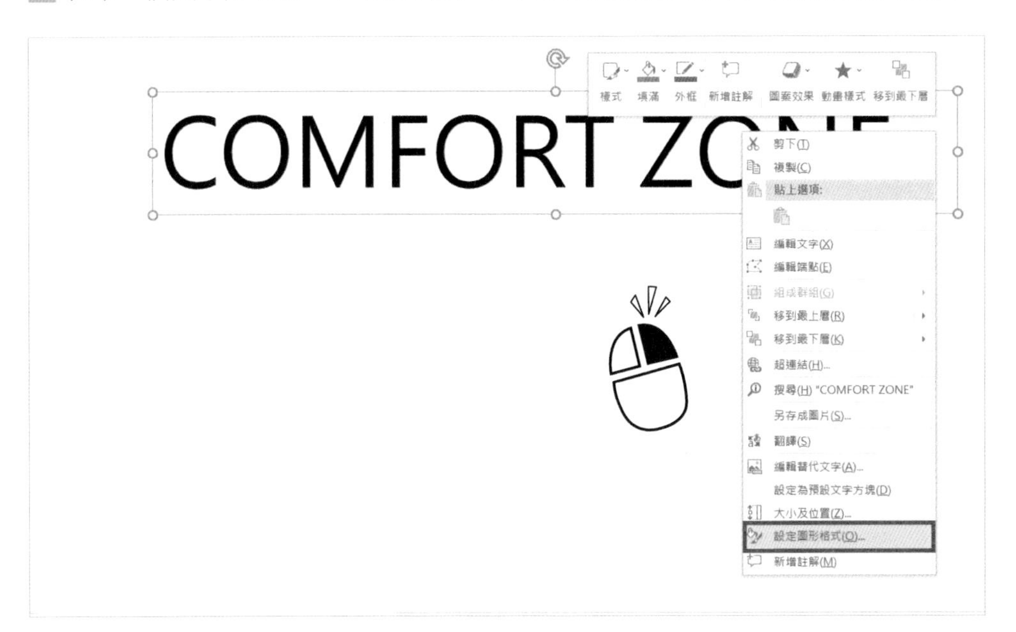

2 在【設定圖形格式】對話方塊中，選擇【圖案選項】-【效果】-【立體旋轉】。

3 在【立體旋轉】面板中按一下【預設】按鈕，於彈出的功能表中選擇【透視圖】群組的【透視圖：正面】。

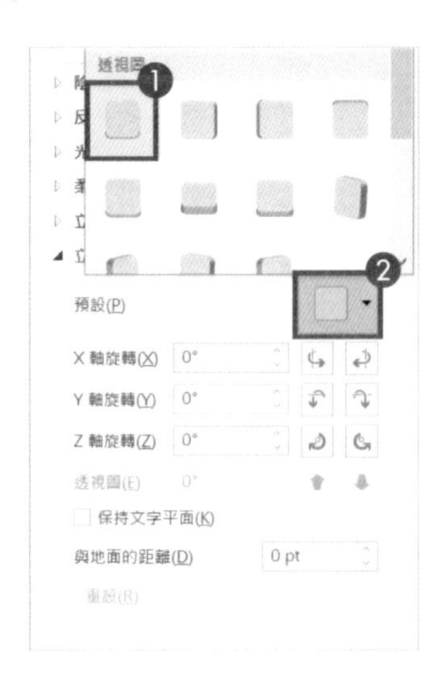

4 設定【立體旋轉】中的參數如下圖所示。第一組文字的立體效果設定完成。

COMFORT ZONE

5 於第二組文字重複執行步驟 1 到步驟 4 的操作，在步驟 4 中設定【立體旋轉】的參數如下圖所示。

6 第三個文字方塊設在底層，重複執行步驟 1 到步驟 4 的操作，在步驟 4 中設定【立體旋轉】的參數如下圖所示。

完成以上步驟後，移動幾個文字方塊的位置，調整文字大小，空間感超強的文字效果就製作完成了。

Chapter 05

09 如何將人像素材與字型結合？

你也可以結合圖像內容設計文字，尤其是有人像的圖片可以製作出人像與文字結合的效果。

1 首先，將文字擺放到合適的位置，讓文字與人物之間存在交集的部分。

2 在第一個文字方塊上按一下滑鼠右鍵，於彈出的功能表中選擇【設定圖形格式】。在【設定圖形格式】對話方塊中，選擇【文字選項】-【文字填滿與外框】，並設定【文字填滿】中的透明度為「50%」。

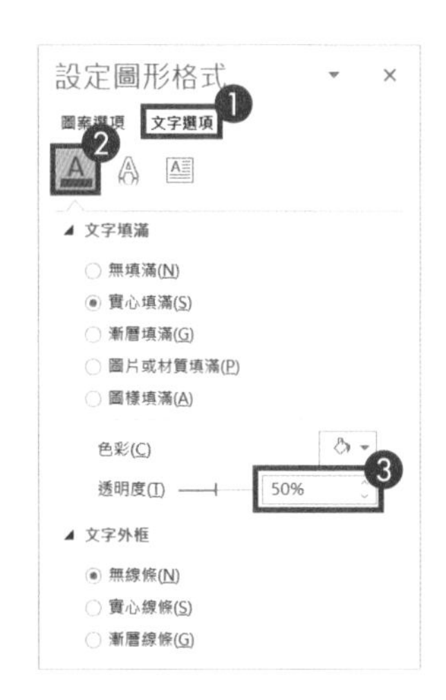

![3] 按住【Ctrl】鍵的同時將滑鼠滾輪向前滾動，放大並移動畫面至人像與文字的交集處。在【插入】頁籤的功能區中按一下【圖案】，於彈出的功能表中選擇【手繪多邊形：圖案】。

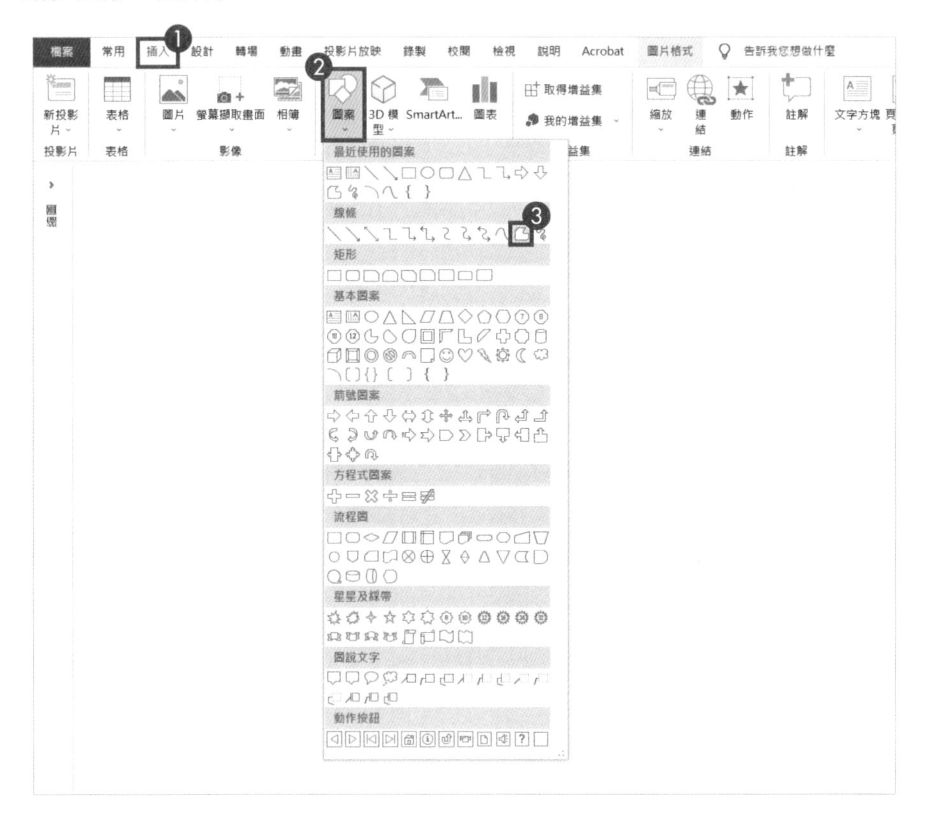

4 沿著人像邊緣按一下，繪製出一個多邊形，覆蓋人物與文字相交部分。

5 按住【Ctrl】鍵，再依序選取文字和任意多邊形，在【圖形格式】頁籤的功能區中按一下【合併圖案】，在彈出的功能表中選擇【減去】。

6 在文字上按一下滑鼠右鍵（此時已經變成一個形狀），於彈出的功能表中選擇【設定圖形格式】，在【設定圖形格式】對話方塊中按一下【圖案選項】頁籤，在【填滿】群組中選擇【實心填滿】選項，將【透明度】設定為「0%」。

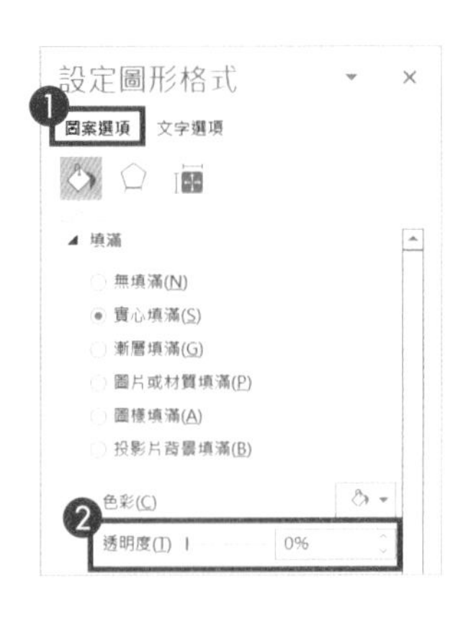

透過以上操作就完成人像與文字結合的效果了。

Chapter

6

PPT 的酷炫動畫特效

本章將介紹 PPT 中的動畫製作技巧。只要你能學會並運用本章介紹的各種技巧，在今後的簡報中，一定可以輕鬆吸引全場的目光。

Chapter 06

01 如何在 PPT 製作煙火動畫？

我們常讚嘆煙火的華麗絢爛，該如何用 PPT 動畫製作煙火綻放的效果？

1. 找一張星空的圖片當作背景圖，選擇【插入】-【圖案】-【橢圓】，在背景圖插入幾個圓形。

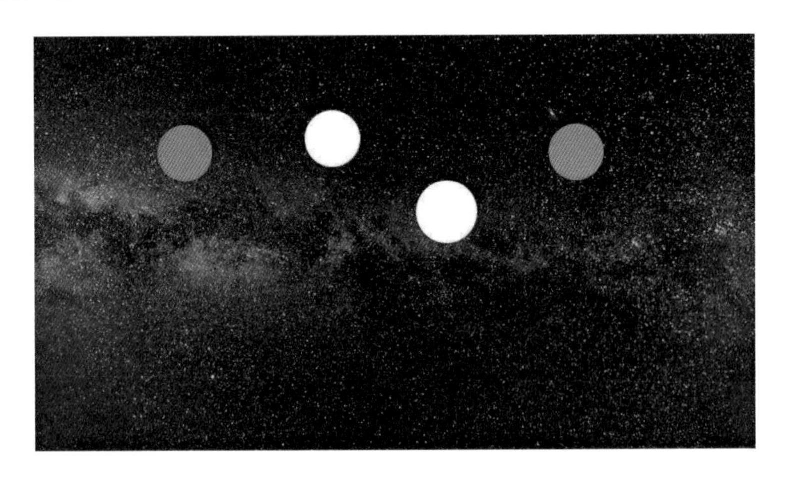

2. 選取其中一個圓形，在【動畫】頁籤的功能區中按一下【新增動畫】，在彈出的功能表中選擇【飛入】，設定【期間】為「00.25」。

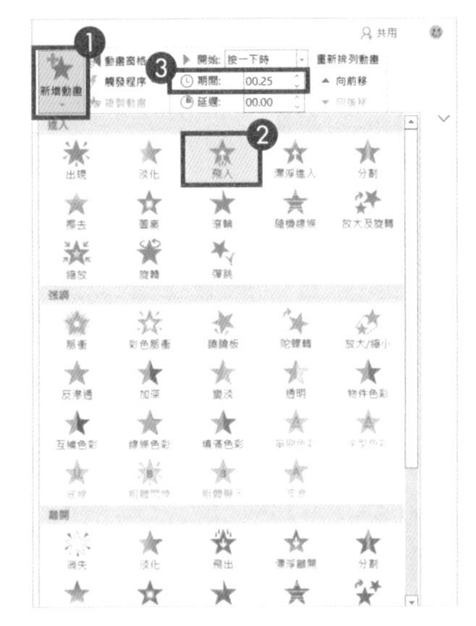

3 在【動畫】頁籤的功能區中按一下【新增動畫】，在彈出的選單中選擇【放大 / 縮小】，接著按一下【動畫窗格】選項。

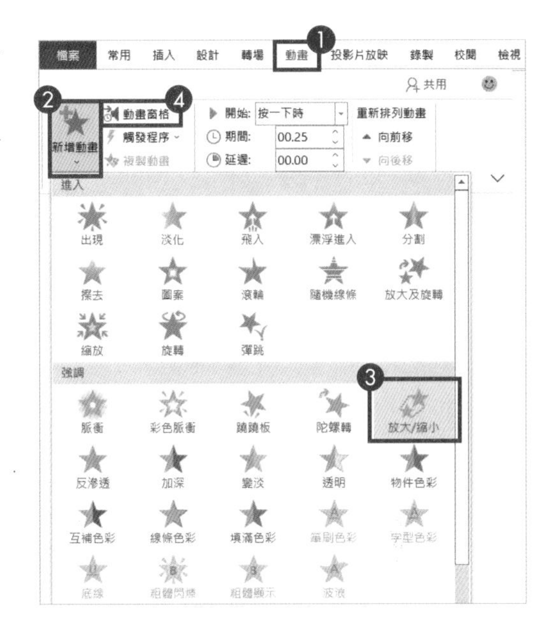

4 在【動畫窗格】中的第二個動畫按兩下左鍵。

5 在彈出的【放大 / 縮小】對話方塊中選擇【效果】頁籤，在【大小】下拉清單中選擇【自訂】選項，將數值設定為「150%」。

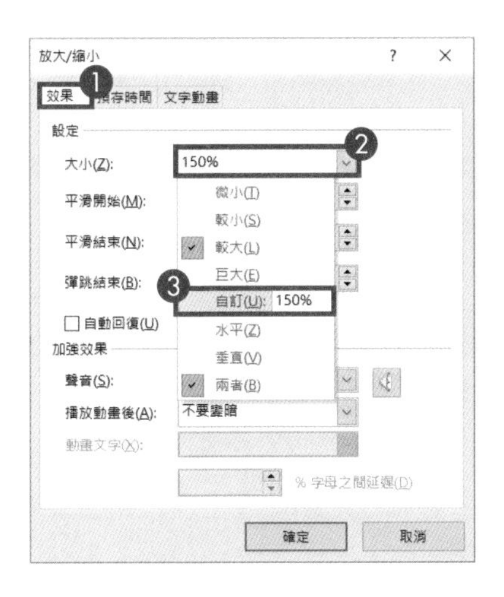

6 切換到【預存時間】頁籤，設定【開始】為【隨著前動畫】，設定【期間】為「1.25 秒」。

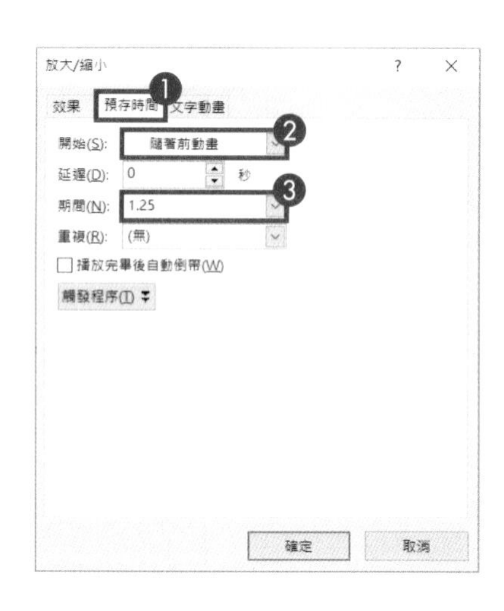

7 再新增一個動畫，選擇【其他離開效果】-【向外溶解】。

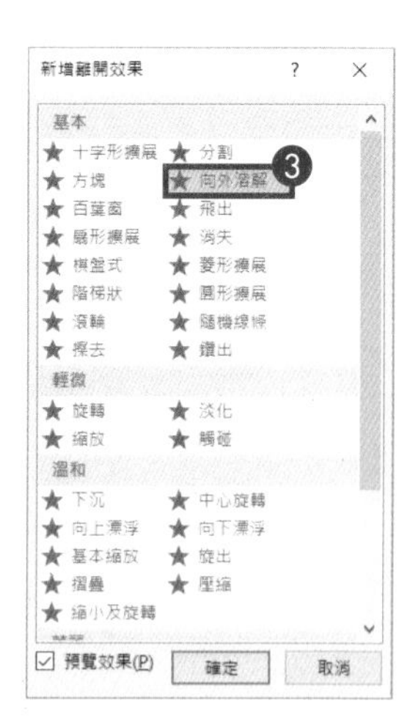

8 在【動畫】頁籤的功能區中將【開始】設定為【隨前動畫】,【期間】設定為「01.25」,【延遲】設定為「00.25」。

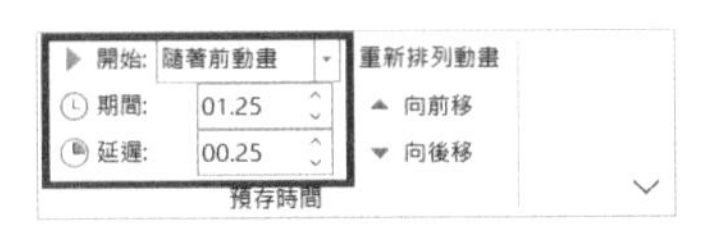

9 選取剛設定好動畫的圓形，在【動畫】頁籤的功能區中按兩下【複製動畫】，在其他圓形複製上動畫屬性，每組動畫的【開始】都設定為【接續前動畫】，煙火效果就製作完成了！

Chapter 06

02 如何在 PPT 做出卷軸動畫？

卷軸從中間徐徐展開，能呈現出獨特的風格，這樣的動畫效果是不是非常有中國風呢？使用 PPT 也能輕鬆製作出卷軸動畫！

1 首先在 PPT 中插入找好的卷軸素材，選取紙張和文字，在【動畫】頁籤的功能區中按一下【分割】。

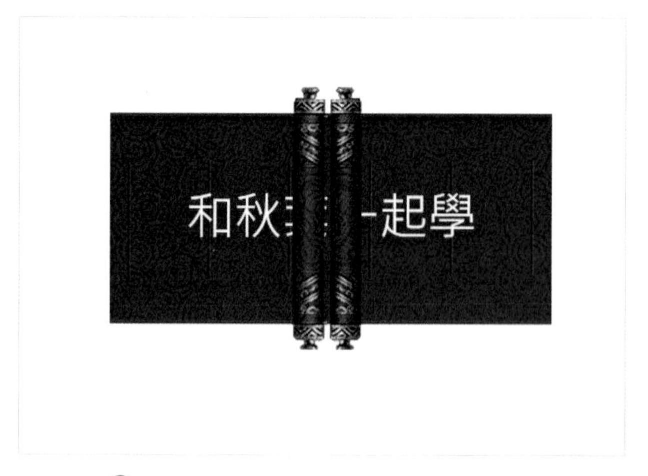

2 在【動畫】頁籤的功能區中按一下【效果選項】，在彈出的選單中選擇【由中向左右】，將【開始】時間設定為【隨著前動畫】，將【期間】設定為「05.00」。

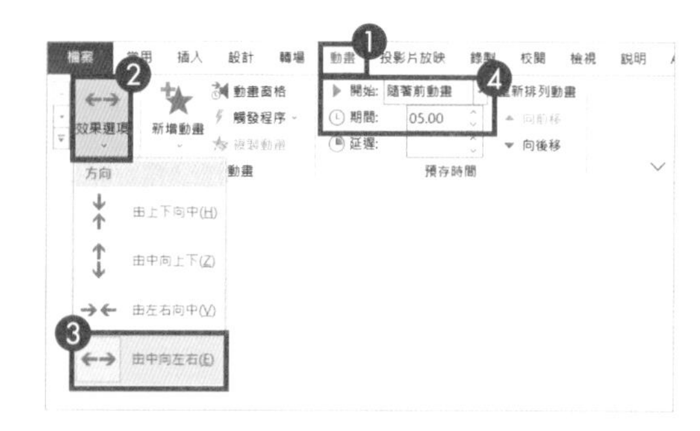

3 單獨選取文字方塊，在【動畫】頁籤的功能區中設定【延遲】為「00.50」。

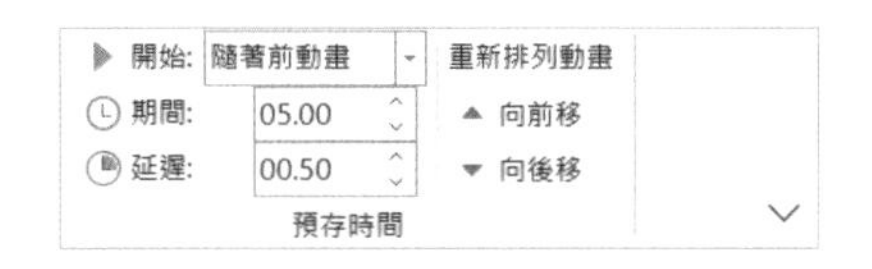

4 選取位於左側的卷軸，在【動畫】頁籤的功能區中按一下【新增動畫】，在彈出的功能表中選擇【線條】。

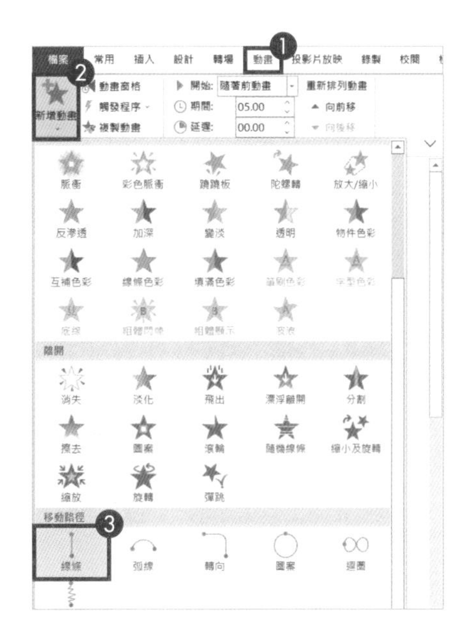

5 在【動畫】頁籤的功能區中按一下【效果選項】，在彈出的選單中選擇【向左】，並將路徑的終點設定為紙張的最左側。

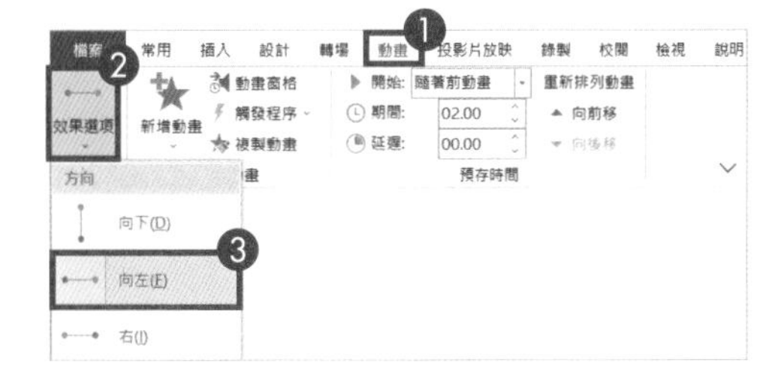

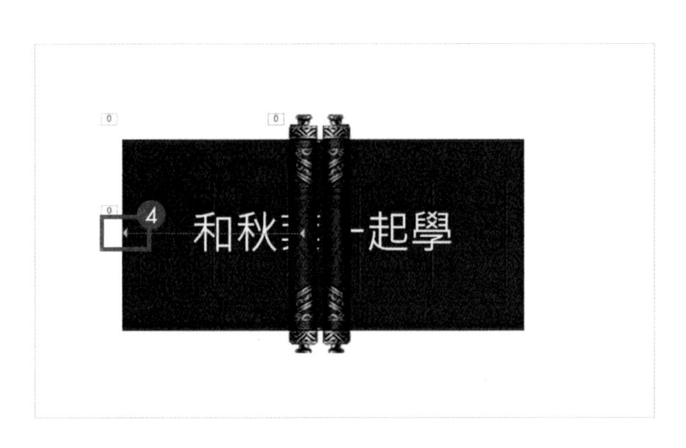

6 選取右側卷軸，在【動畫】頁籤的功能區中按一下【效果選項】，在彈出的功能表中選擇【右】，並將路徑的終點設定為紙張的最右側。

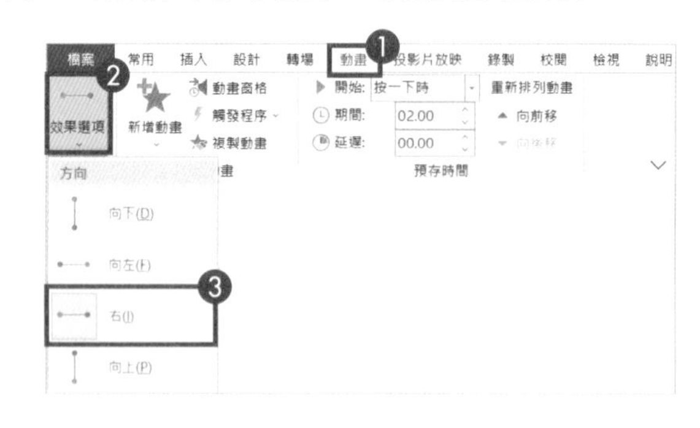

7 同時選取左右兩個卷軸，在【動畫】頁籤的功能區中將【開始】設定為【隨著前動畫】，【期間】設定為「05.00」。

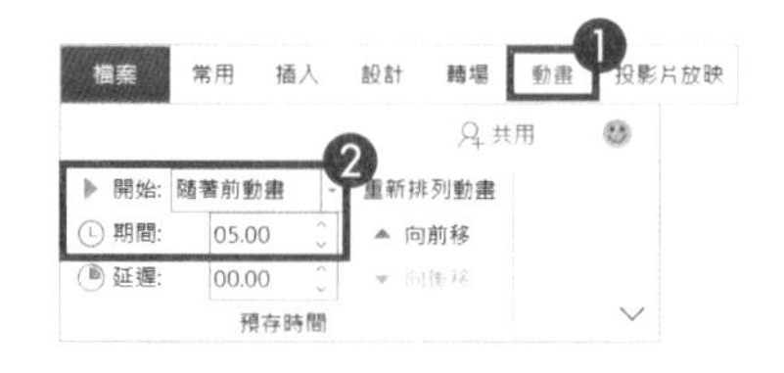

8 在【動畫】頁籤的功能區中按一下【預覽】，就可以看到卷軸從中間徐徐展開了！

Part 3 PPT 酷炫特效

Chapter 06

03 如何在 PPT 製作動態圖表？

覺得 PPT 中的圖表資料總是千篇一律，十分枯燥嗎？那就試著讓圖表動起來吧！

1 選取圖表，在【動畫】頁籤的功能區中按一下【新增動畫】，在彈出的功能表中選擇【進入】群組的【擦去】。

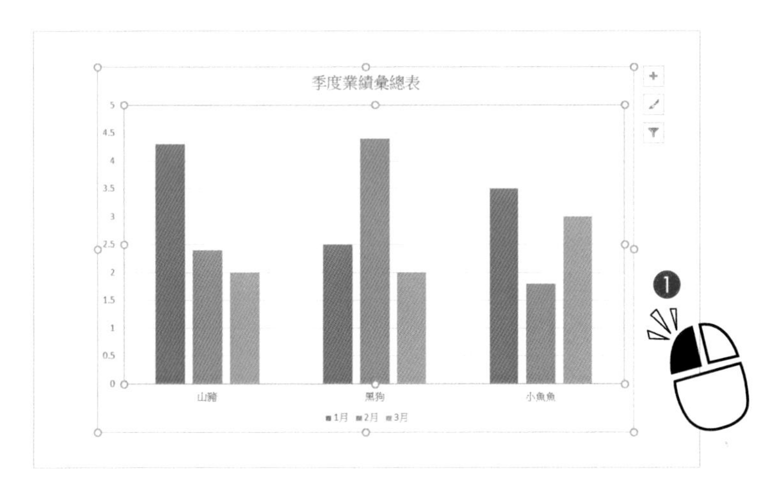

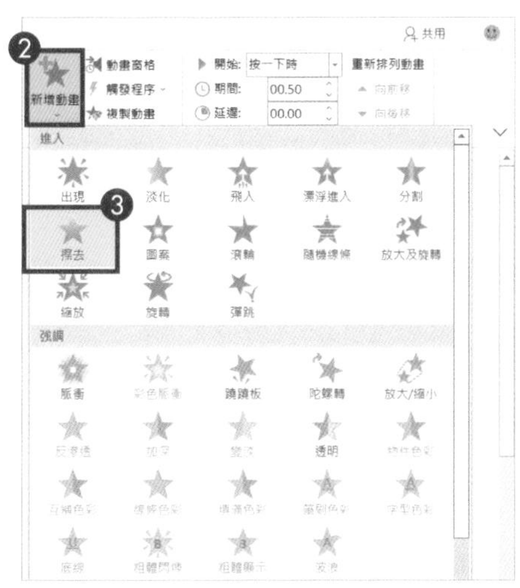

2 在【動畫】頁籤的功能區中按一下【效果選項】，於彈出的功能表中選擇【依數列元素】。

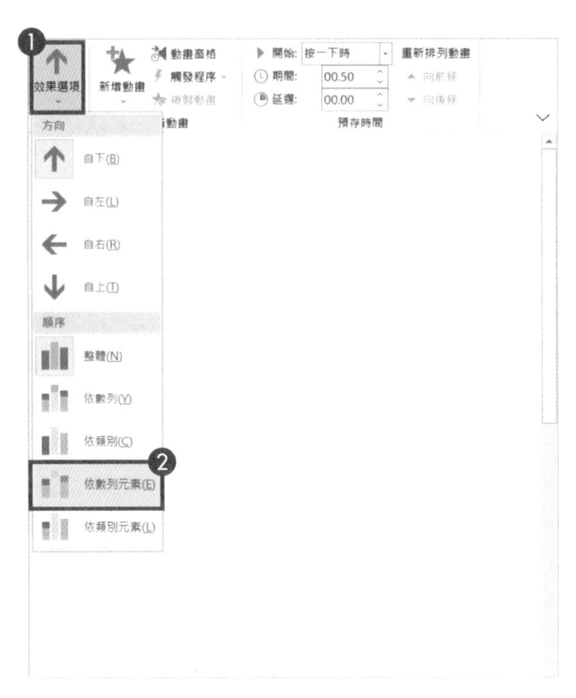

Chapter 06

04 如何用 PPT 製作動態相簿？

員工旅遊或家庭出遊時，都會拍攝非常多的照片，製作一個動態相簿就能完美展示照片。使用 PPT 只要簡單幾個步驟就可以搞定！

1 從左到右排列照片後全選，按快速鍵【Ctrl+G】將其組合起來。

2 在【動畫】頁籤的功能區中按一下【新增動畫】，在彈出的功能表中選擇【線條】。

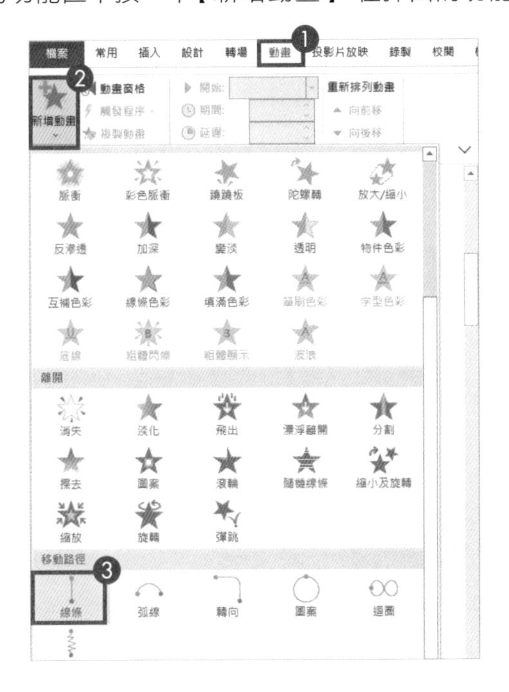

3 在功能區中按一下【效果選項】，在彈出的功能表中選擇【右】，拖曳路徑終點到最後一張照片播放結束的位置。

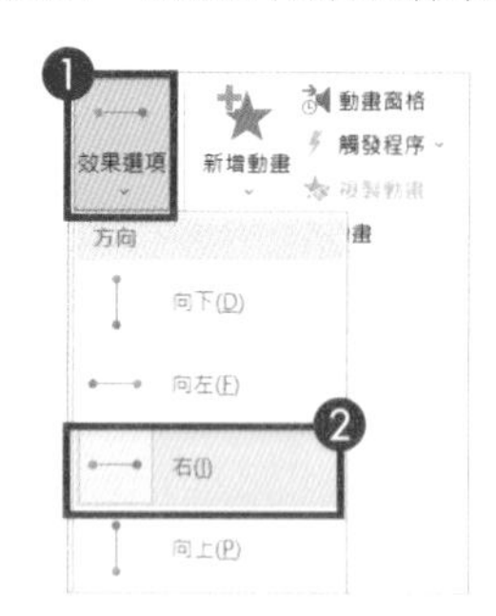

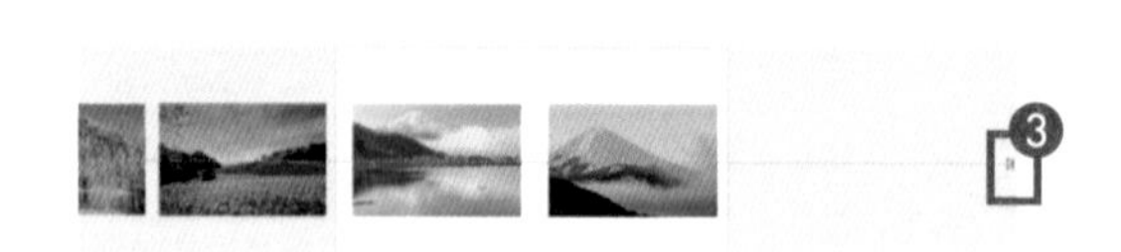

4 在【動畫】頁籤的功能區中按一下【動畫窗格】打開【動畫窗格】對話方塊。按兩下設定路徑動畫。

5 在彈出的【向右】對話方塊的【效果】頁籤中，將【平滑開始】和【平滑結束】均設定為「0 秒」。

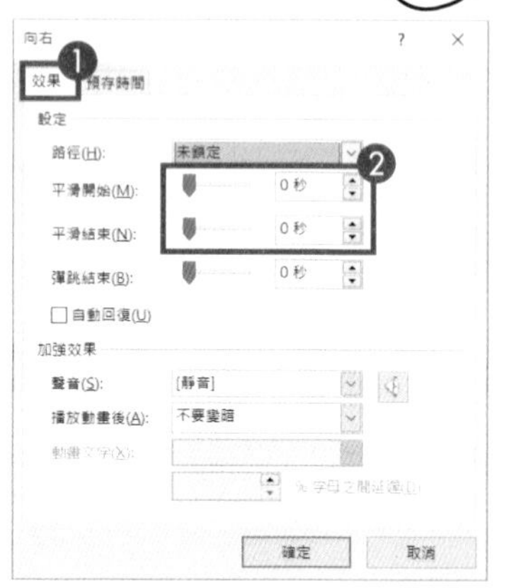

6 在【插入】頁籤的功能區中按一下【圖案】，於彈出的功能表中選擇【橢圓】，在頁面的上方和下方分別插入一個橢圓。

7 在橢圓上按滑鼠右鍵，在彈出的功能表中選擇【設定圖形格式】，在【填滿與線條】群組中將【色彩】改為與背景相同的實心填滿，將【線條】設定為【無線條】。

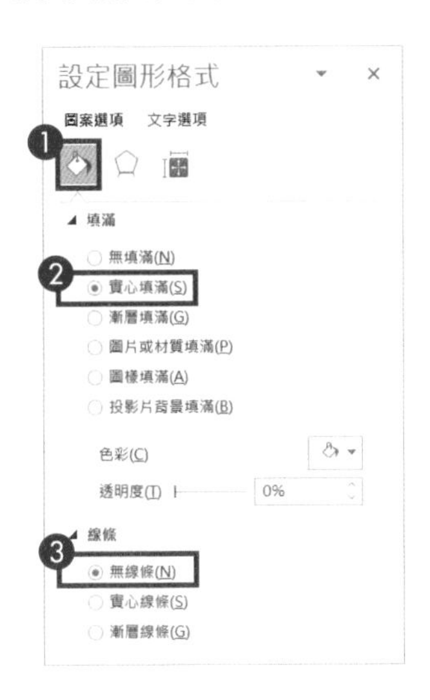

8 在【效果】群組中為上方橢圓加上【位移：向下】陰影，為下方橢圓加上【位移：向上】陰影。

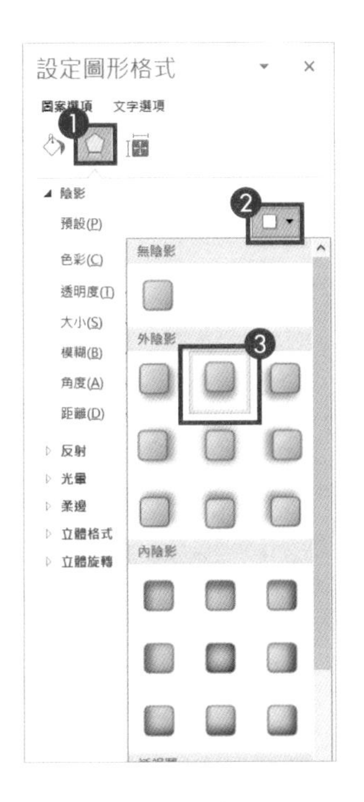

透過以上操作，就完成了以動態方式展示照片的相簿 PPT 了。

Chapter 06

05 如何製作出華麗的聚光燈動畫？

想不想讓你的 PPT 封面更有吸引力？只要直接在封面製作聚光燈動畫，就能讓觀者目不轉睛！

1 在【插入】頁籤的功能區中按一下【文字方塊】，接著按一下投影片頁面，插入一個空白文字方塊，在其中輸入文字，如輸入「聚光燈」，修改字型與大小後，效果如下圖所示。

2 在【插入】頁籤的功能區中按一下【圖案】，在彈出的功能表中選擇【橢圓】，按住【Shift】鍵，在第一個文字上畫出一個圓形。

3 在【圖形格式】頁籤的功能區中按一下【圖案填滿】，設定【佈景主題色彩】為【白色 背景 1】；按一下【圖案外框】，設定【填滿】為【無外框】；最後按一下【下移一層】，選擇【移到最下層】。

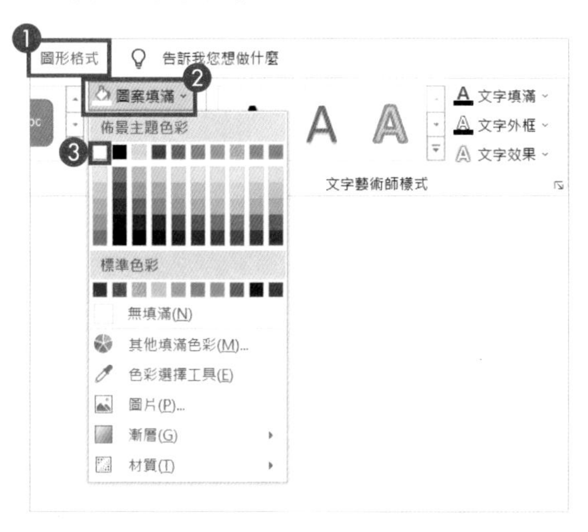

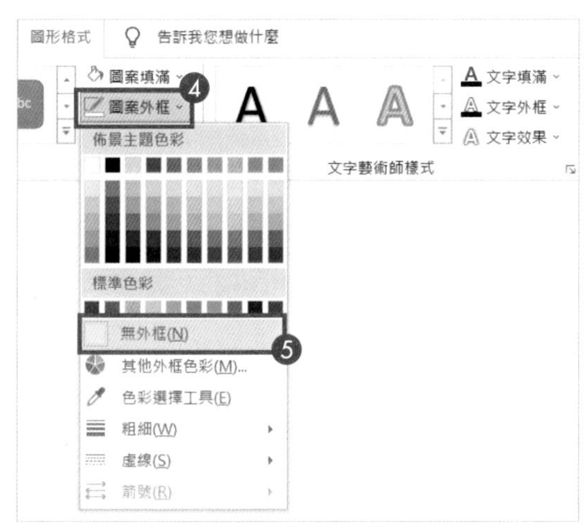

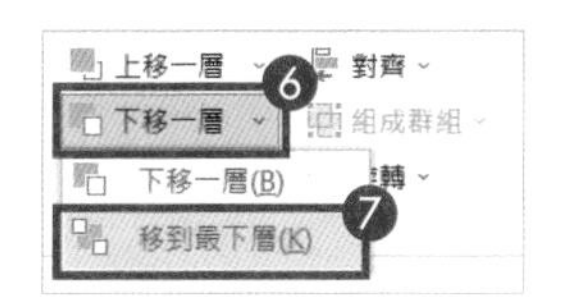

4 在投影片空白處按一下滑鼠右鍵，在彈出的功能表中選擇【設定背景格式】，在彈出的【設定背景格式】對話方塊中選擇【實心填滿】，修改填滿色彩為【黑色，文字 1】。

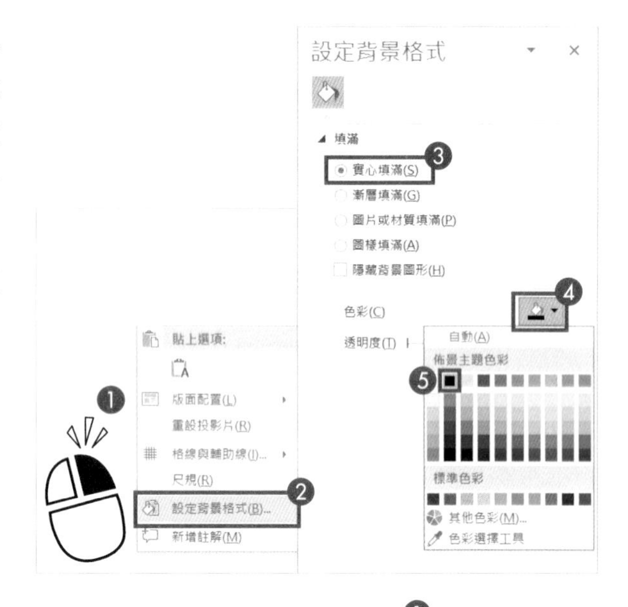

5 選取白色圓形，在【動畫】頁籤的功能區中按一下【新增動畫】，在彈出的功能表中選擇【線條】，為圓形加上【線條】路徑動畫。

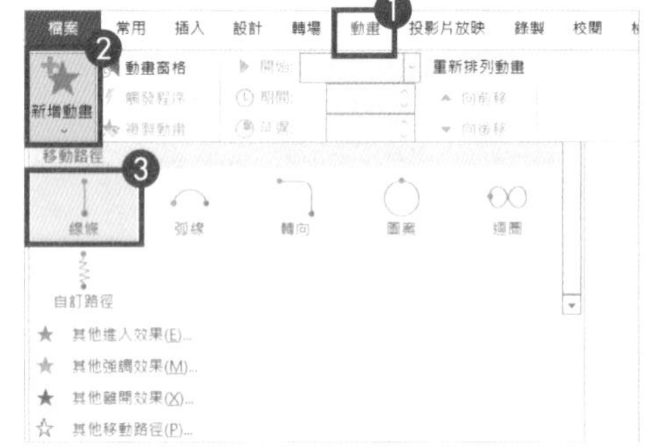

6 將動畫路徑終點設定到末尾文字處，聚光燈動畫就完成了。

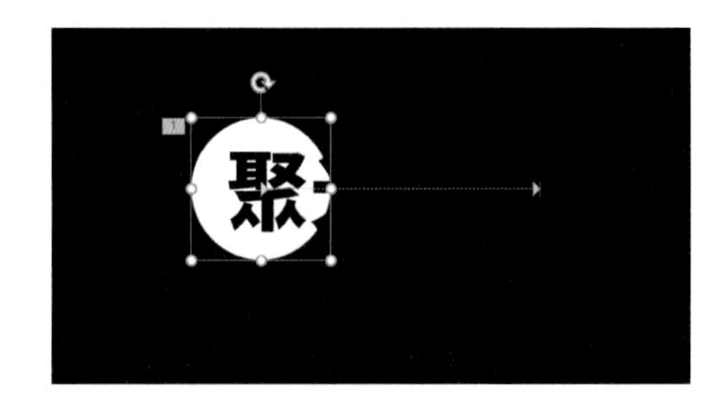

Chapter 06

06 在 PPT 中如何做出影片彈幕效果？

平時在影片網站上看電影，經常能看到彈幕，在 PPT 中也能做出彈幕效果嗎？

1 把彈幕文字方塊放在投影片左邊的外側。

2 框選所有彈幕文字方塊，在【動畫】頁籤的功能區中按一下【飛入】，為文字方塊設定【飛入】動畫效果，並按一下【效果選項】，在彈出的功能表中選擇【自右】。

3 在【動畫】頁籤的功能區中按一下【動畫窗格】，打開【動畫窗格】對話方塊，選取動畫後為其統一設定【開始】為【隨著前動畫】。

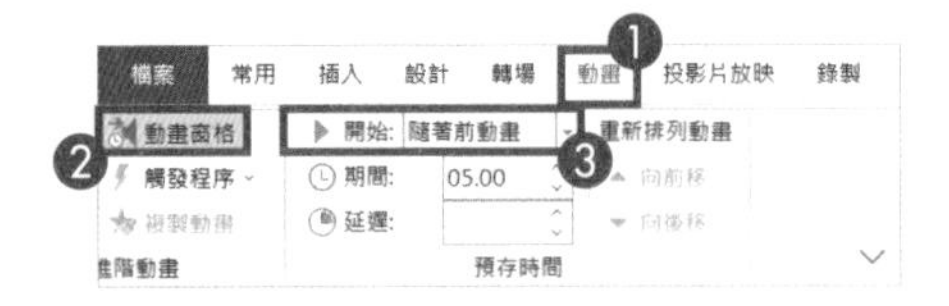

4 在【動畫窗格】對話方塊中分別選取動畫，為其設定不同長短的【期間】和【延遲】時間，如其中一個【期間】為「05.00」，【延 遲】為「01.00」；另外一個設定【期間】為「03.00」，【延遲】為「01.50」，設定完成後播放投影片，彈幕效果就做好了！

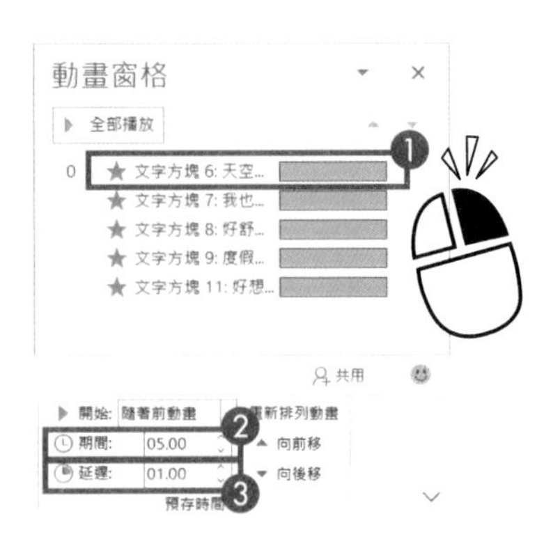

Chapter 06

07 如何製作出吸引全場注意力的開幕動畫？

活動用的 PPT 想製作開幕動畫，新品上市用的 PPT 想製作華麗的揭幕動畫，卻不會 After Effects，此時該怎麼辦？沒關係，使用 PPT，只要幾個步驟就可以完成！

1 在封面投影片的縮圖上方按一下滑鼠右鍵，在彈出的功能表中選擇【新投影片】，新增一頁投影片。

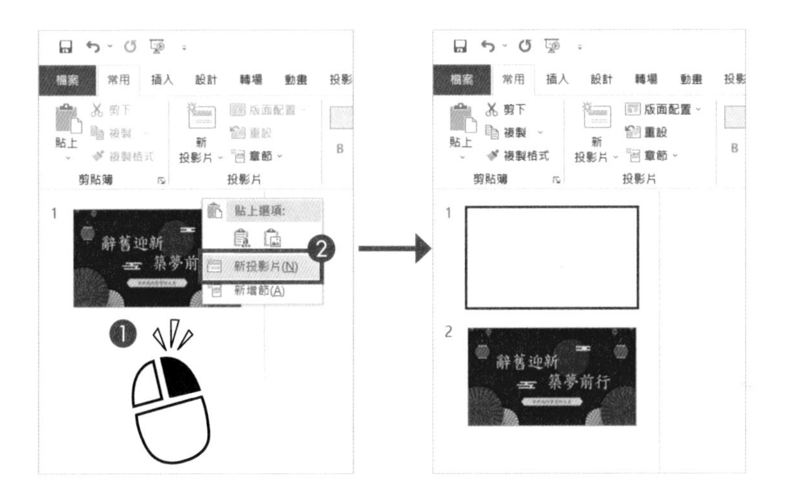

2 在新增的空白投影片按一下滑鼠右鍵，於彈出的功能表中選擇【設定背景格式】，於彈出的【設定背景格式】對話方塊中，選擇【填滿】群組中的【實心填滿】，設定填滿【色彩】為【深紅】。

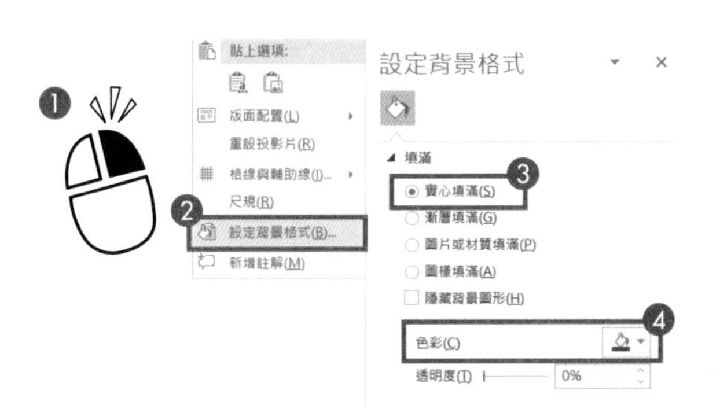

3 切換到封面投影片，在【轉場】頁籤的功能區按一下【切換到此投影片】群組中的【其他】按鈕，在彈出的功能表中選擇【窗簾】(如果是揭幕動畫，切換方式選擇【掀起】)。

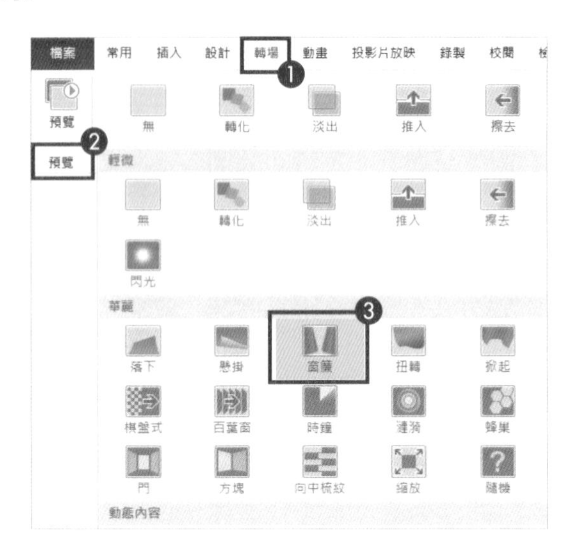

設定之後，軟體會自動進行切換效果預覽，開幕動畫就完成了。

Chapter 06

08 如何在 PPT 中製作 3D 動態目錄？

你製作的目錄是不是常被人嫌棄沒有創意？那就做一個 3D 動態目錄吧！絕對可以讓人驚豔！

1 準備一頁目錄。

2 選取第一排文字後按一下滑鼠右鍵，在彈出的功能表中選擇【設定圖形格式】，在視窗右側打開【設定圖形格式】窗格。

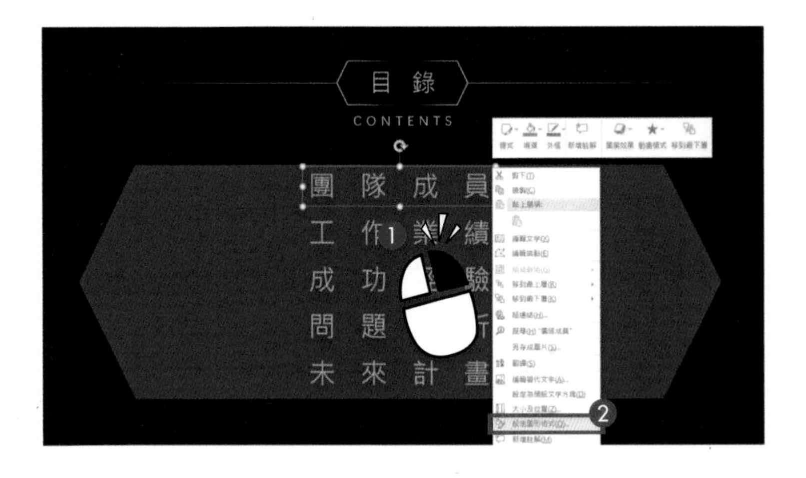

3 在【設定圖形格式】窗格中，按一下【文字選項】-【文字效果】，在【立體旋轉】群組中修改【預設】為【透視圖：正面】，將【Y 軸旋轉】設定為「300°」。

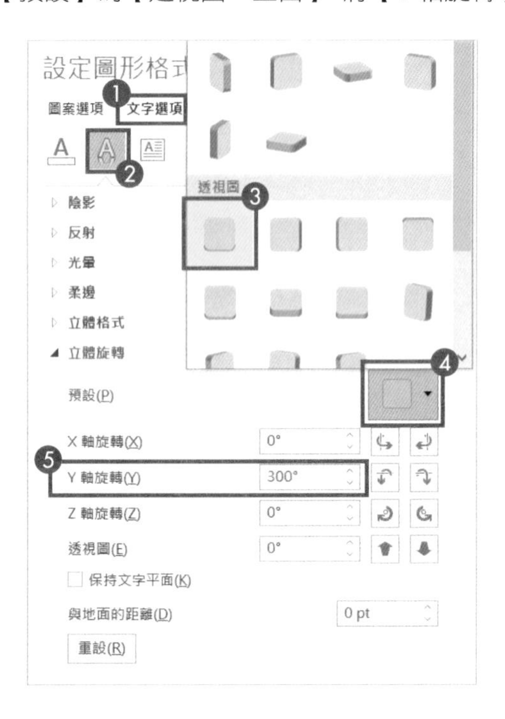

4 重複上一步操作，為其他文字方塊設定立體效果，不同文字方塊中的【Y 軸 旋轉】參數設定如下圖所示。

5 調整字型大小和色彩，使用快速鍵【Ctrl+D】將這頁投影片複製、貼上，得到與目錄數相同的頁數（以這個範例來說是五頁），修改對應的目錄資訊。

6 在左側投影片縮圖中選取後四頁投影片，在【轉場】頁籤的功能區中按一下【轉化】，為投影片加入【轉化】動畫效果，完成創意 3D 動態目錄！

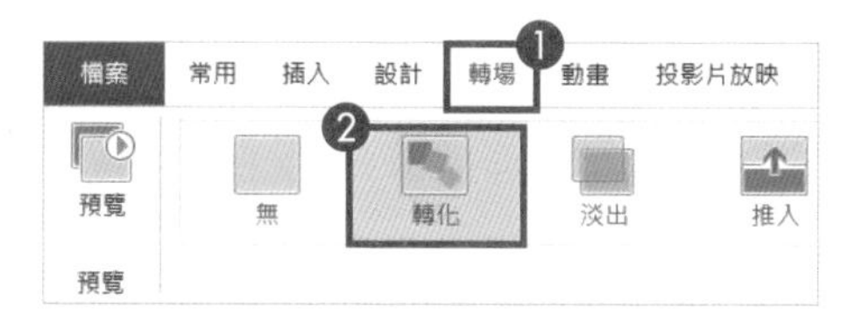

Chapter 06

09 如何快速關閉所有動畫？

PPT 中設定了很多動畫，覺得太亂、太花俏時，可以刪除所有動畫。可是如果頁數與動畫過多，逐一刪除會很花時間。別擔心，以下將教你如何快速關閉所有動畫。

1 在【投影片放映】頁籤的功能區中按一下【設定投影片放映】。

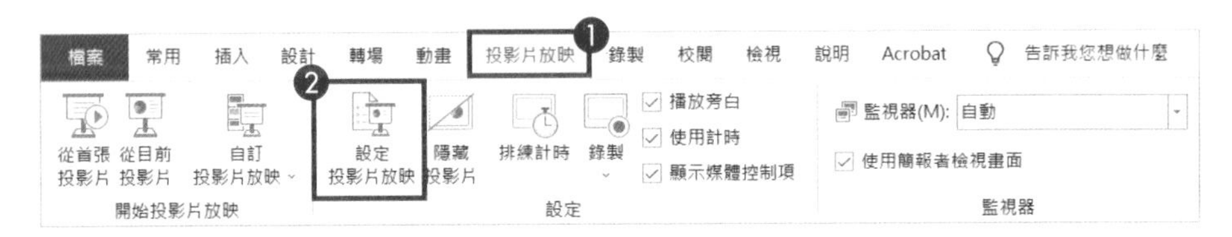

2 在【設定放映方式】對話方塊中選擇【放映時不加動畫】選項，按一下【確定】按鈕，這樣在播放投影片時，就不會有動畫了。

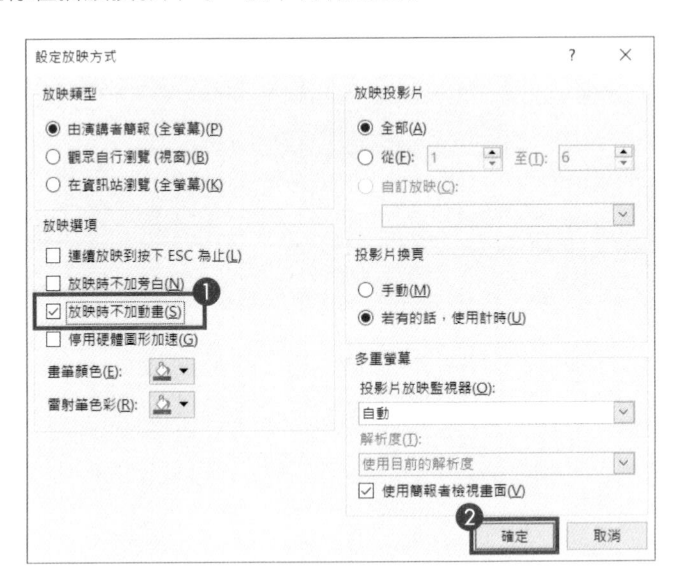

PART 4

PPT 創意設計

想製作出讓人過目不忘的創意設計，關鍵就在於如何完美結合創意與場景。本章將介紹在不同場景中，用 PPT 打造出創意性強的實用動畫效果。

Chapter

7

PPT 的創意應用

本章主要介紹 PPT 的創意應用。除了製作簡報投影片之外，PPT 還可以用來設計邀請函、賀卡、履歷，甚至是抽獎、投票機等用途。

Chapter 07

01 如何用 PPT 製作邀請函？

一份漂亮的邀請函能為工作、生活帶來很多驚喜。如何用 PPT 製作一份簡潔、好看的邀請函呢？

1 在【插入】頁籤功能區中按一下【文字方塊】，在彈出的功能表中選擇【繪製水平文字方塊】，新增三個文字方塊，分別輸入「邀」、「請」、「函」三個字，並選擇一個漂亮的字型，調整文字大小和位置。

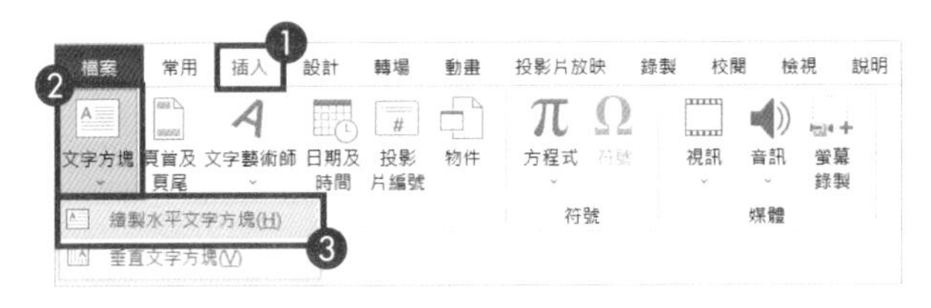

2 在【插入】頁籤功能區中按一下【文字方塊】，在彈出的功能表中選擇【垂直文字方塊】，輸入副標題和英文，並調整文字的字型、大小和位置。

3 全選所有文字方塊，在【圖形格式】頁籤的功能區中按一下【合併圖案】，在彈出的功能表中選擇【合併】，就可以把所有文字方塊轉換成一個圖案。

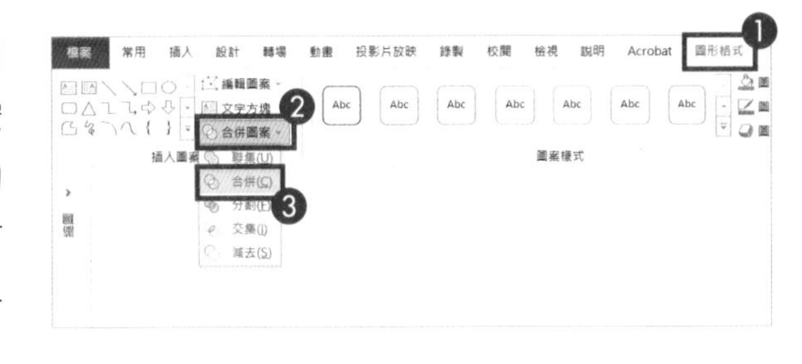

4 在該圖案上按一下滑鼠右鍵，於彈出的功能表中選擇【設定圖形格式】。

5 在【設定圖形格式】對話方塊中，按一下【圖案選項】-【填滿與線條】，在【填滿】群組中選擇【圖片或材質填滿】選項，在【圖片來源】群組中按一下【插入】按鈕。

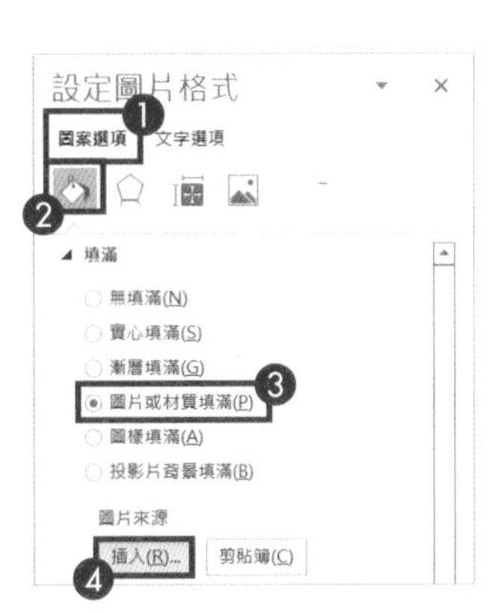

6 在彈出的對話方塊中選擇【從檔案】，於彈出的【插入圖片】對話方塊中選擇之前準備好的金色紋理圖片，按一下【開啟】按鈕完成插入。

7 在【設定圖形格式】對話方塊中，按一下【圖案選項】-【效果】，在【陰影】群組中按一下【預設】按鈕，選擇【外陰影】群組中的【位移：中央】選項。

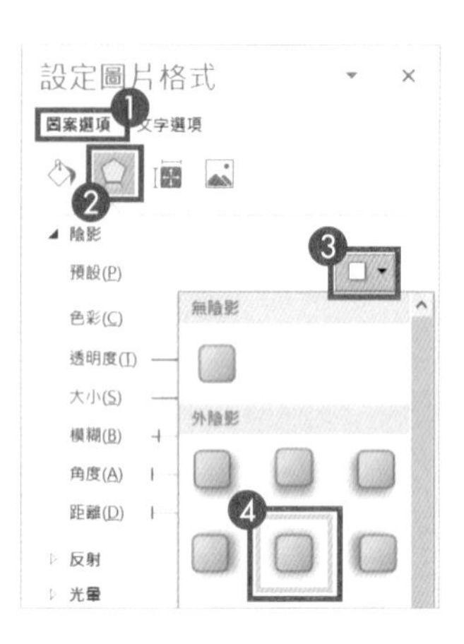

8 插入之前準備好的背景圖片，在圖片上按一下滑鼠右鍵，於彈出的功能表中選擇【移到最下層】。再插入邀請函的詳細文案，一份邀請函就完成了。

Chapter 07

02 如何用 PPT 製作新年賀卡？

用 PPT 製作一張專屬的新年賀卡，既可以表達誠摯的祝福，也可以展現自己的設計能力。該如何用 PPT 設計新年賀卡呢？

1. 將投影片背景色彩設定為紅色。在頁面空白處按一下滑鼠右鍵，在彈出的功能表中選擇【設定圖形格式】；在彈出的對話方塊中選擇【實心填滿】選項，在【色彩】群組中選擇【標準色 - 深紅】。

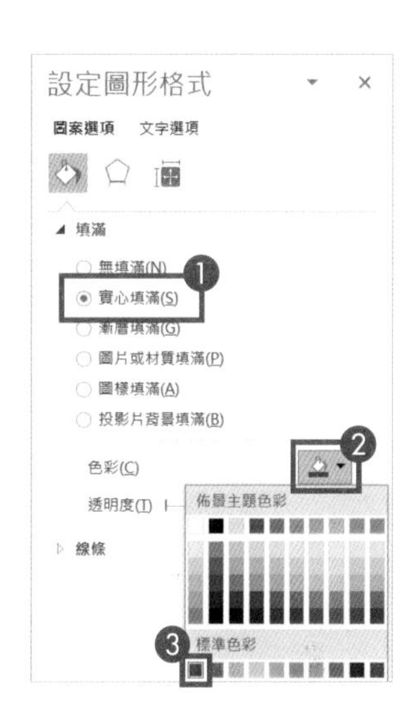

2. 在【插入】頁籤功能區中按一下【文字方塊】，在彈出的功能表中選擇【繪製水平文字方塊】，新增四個文字方塊，分別輸入「新」、「年」、「快」、「樂」，選擇適當的字型，並調整文字的大小和位置，文字色彩設定為黃色。

3 在【插入】頁籤的功能區中按一下【圖案】，選擇【基本圖案】-【弧形】。

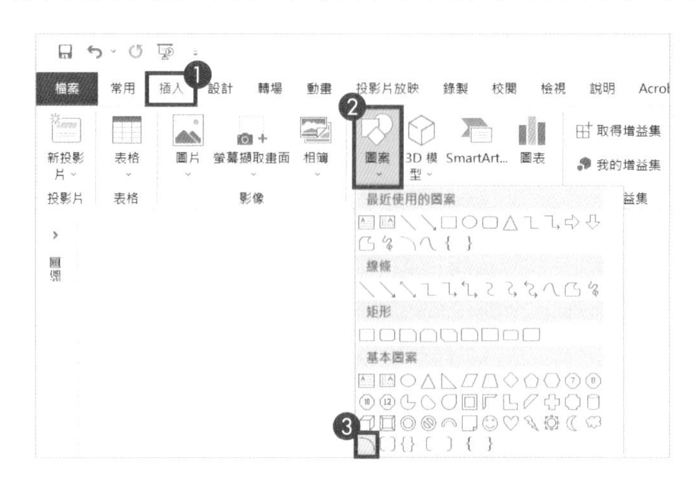

4 按住【Shift】鍵，拖曳滑鼠繪製一個弧形，在【圖形格式】頁籤的功能區中按一下【圖案外框】，將外框色彩設定為與文字相同的黃色。

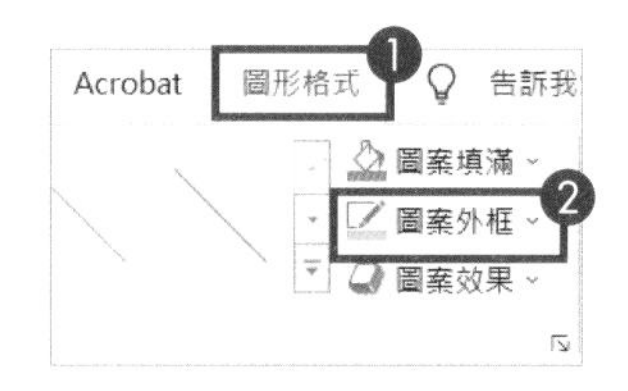

5 拖曳弧形的兩個「調整控點」，使弧形兩端貼近文字，讓弧形半包圍文字。

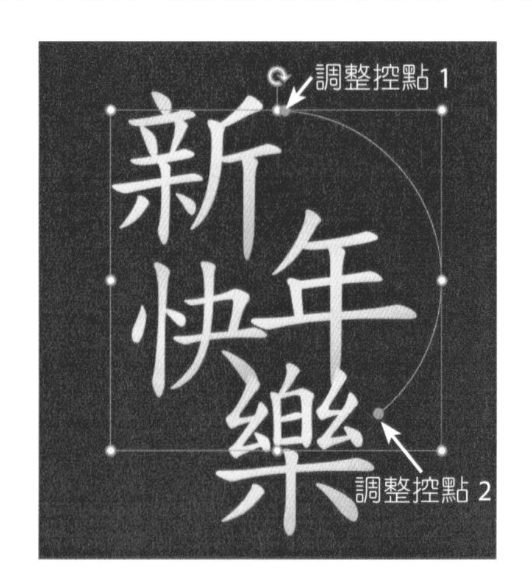

6 重複步驟 3 ～步驟 5 的操作，新增三個弧形，將文字全部包圍。

7 在圓圈空白處新增祥雲素材，豐富標題的層次感。最後再選擇一張好看的背景圖片並加上祝福文案。

Chapter 07

03 如何用 PPT 製作求職履歷？

PPT 也可以當作製作求職履歷的設計工具。一份履歷主要包括個人基本資料和學經歷，以下將介紹如何用 PPT 製作求職履歷。

1 首先修改投影片大小。在【設計】頁籤的功能區中按一下【投影片大小】，在彈出的功能表中選擇【自訂投影片大小】。

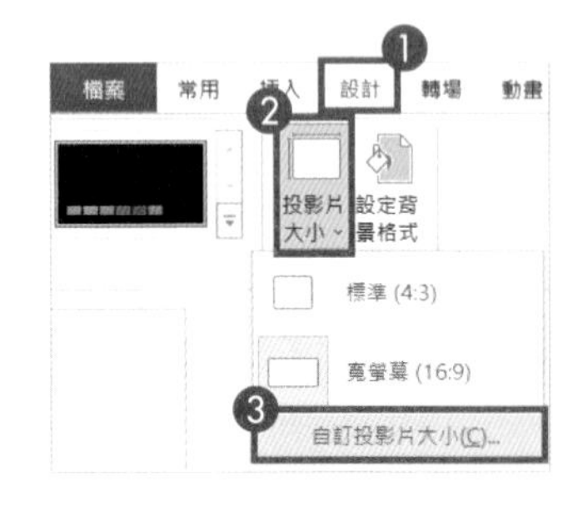

2 在彈出的對話方塊中，將投影片大小設定為【A4 紙張(210×297 公釐)】，在【方向】群組中選擇【直向】選項，按一下【確定】按鈕。

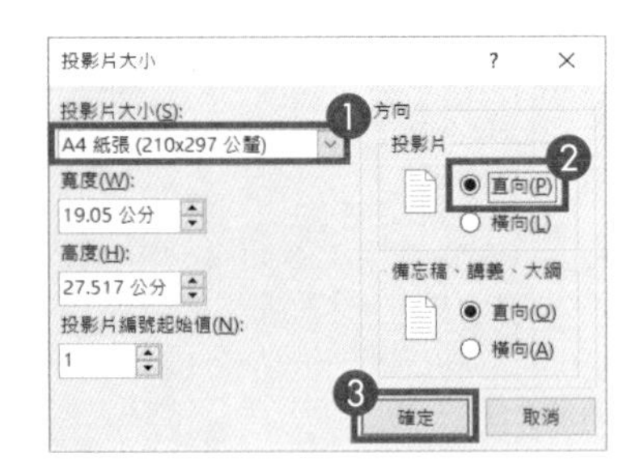

3 在彈出的對話方塊中按一下【最大化】按鈕。

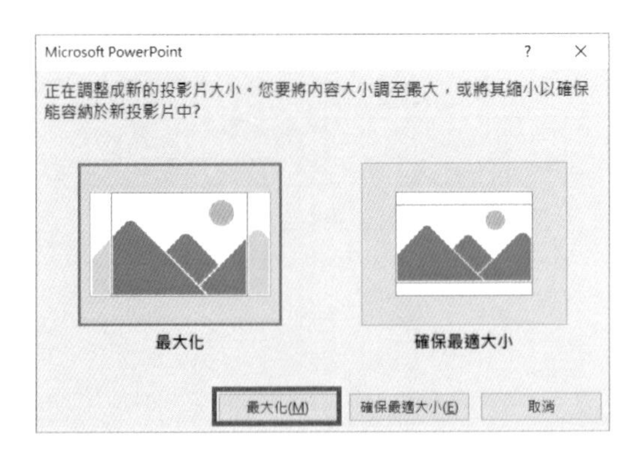

4 在【插入】頁籤的功能區中按一下【圖案】，選擇【矩形】，繪製一個矩形。

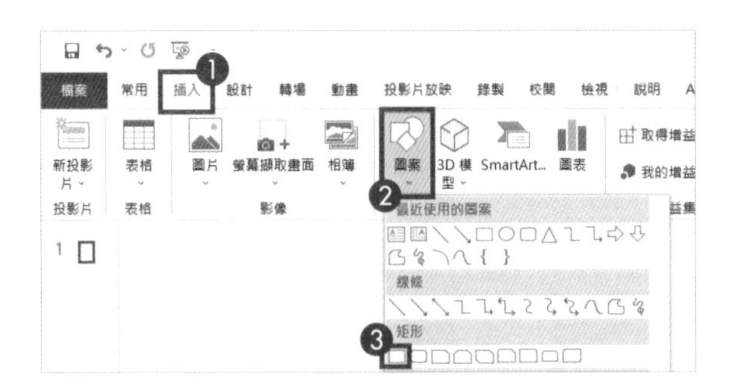

5 調整矩形，與頁面等高，寬度約為頁面長度的 1/3。

6 選取矩形後，在【圖形格式】頁籤的功能區中按一下【圖案填滿】，在彈出的【佈景主題色彩】中選擇一種色彩進行填滿。

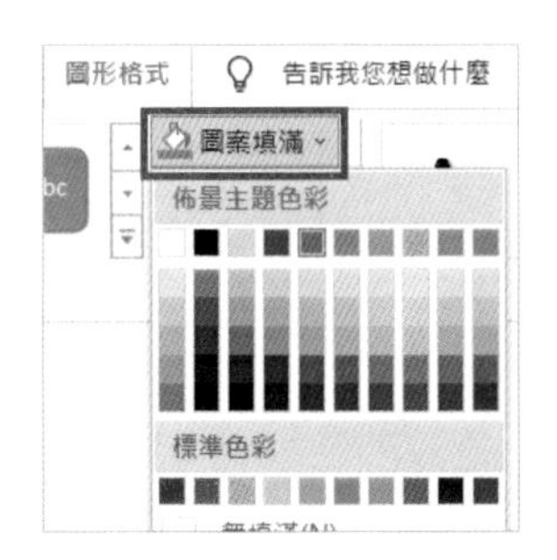

7 在【圖形格式】頁籤的功能區中按一下【圖案外框】，選擇【無外框】。

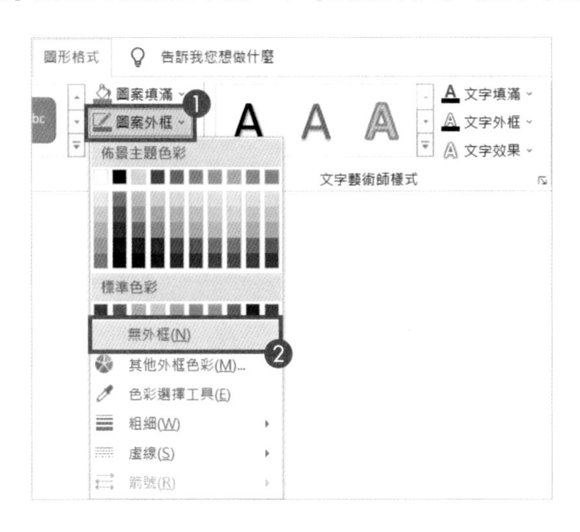

8 在【插入】頁籤的功能區中按一下【圖案】，選擇【箭號：五邊形】。

9 按快速鍵【Ctrl+C】和【Ctrl+V】進行複製、貼上，多複製幾個箭號，並根據步驟 6 設定箭號填滿和輪廓屬性，把箭號擺放在下圖所示的對應位置。

10 在左邊矩形區域內加入介紹個人資料的文字資訊，如姓名、基本資料、教育背景等。在箭號內新增小標題，如求職意向、學習經歷、實習經歷、自我評價等，一份簡潔的履歷就製作完成了。

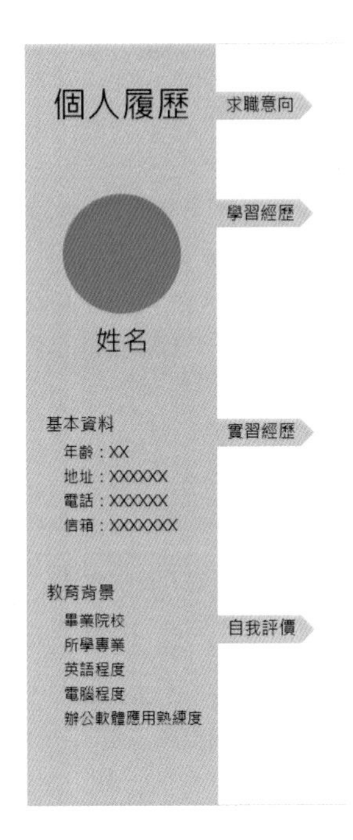

Chapter 7 PPT的創意應用

Chapter 07

04 如何用 PPT 製作創意九宮格？

在社群網路發布照片時，九宮格排版是非常流行的用法。如何用 PPT 製作出創意九宮格呢？

1 在【插入】頁籤的功能區中按一下【圖案】，選擇【矩形】。

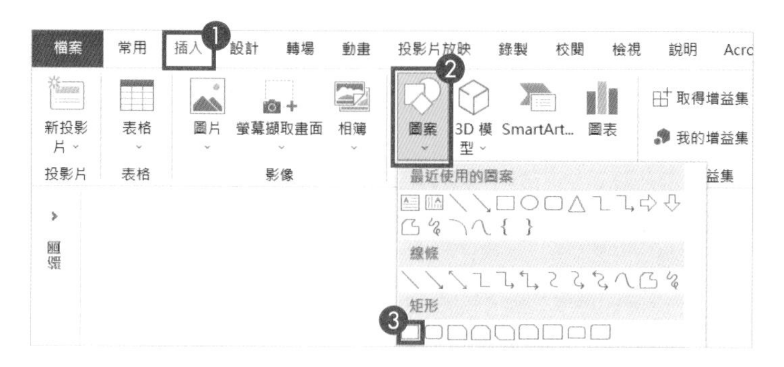

2 按住【Shift】鍵拖曳滑鼠，繪製一個正方形，正方形大小約為圖片的 1/9 即可。將正方形放置在圖片的左上角。

3 按住【Ctrl】鍵的同時將正方形向右拖曳，可快速複製出第二個正方形，接著按【F4】鍵，重複上一步操作，複製出第三個正方形。

4 選取三個矩形，按住【Ctrl】鍵，將第一行矩形向下拖曳，複製出第二行矩形，然後按【F4】鍵，重複上一步操作，複製出第三行矩形。

5 按住【Ctrl】鍵，先按一下選取圖片，再框選所有正方形，於【圖形格式】頁籤的功能區中按一下【合併圖案】，在彈出的功能表中選擇【分割】。

6 分割之後，圖片被分成九張小圖和一個外框圖片。選取外框圖片，按【Delete】鍵刪除，就完成九宮格了。依序選擇每一張小圖，按一下滑鼠右鍵，在彈出的功能表中選擇【另存成圖片】即可匯出。

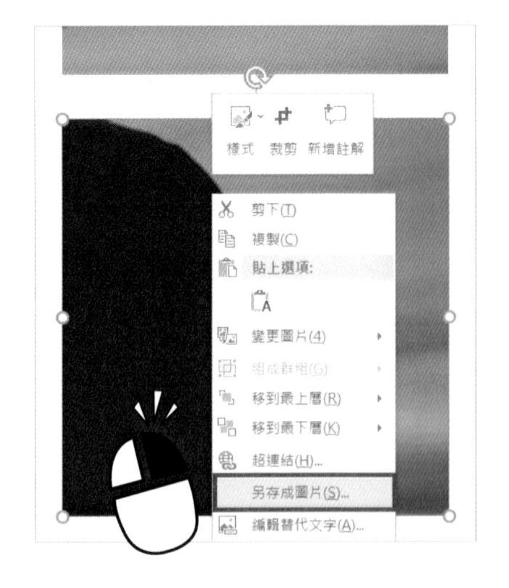

趕快試著用 PPT 把照片製作成九宮格再發布動態貼文吧！

Chapter 07

05

如何用 PPT 製作七夕快閃影片？

七夕快到時，想不想向自己的男 / 女朋友表白？那就製作個快閃影片吧！保證讓她 / 他既驚喜又感動，而且使用 PPT 只要幾個步驟就能搞定！

1 按一下【插入】頁籤功能區中的【文字方塊】，輸入想要表白的文字，在每頁投影片中輸入一句話，並設定成不同文字大小。

2 選取任意一頁投影片，按快速鍵【Ctrl+A】全選所有投影片，在【轉場】頁籤的功能區中，將【每隔】設定為「00:00.30（即 0.3 秒）」。

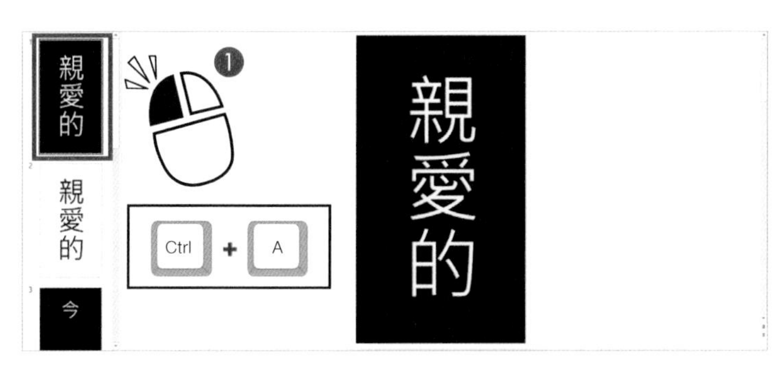

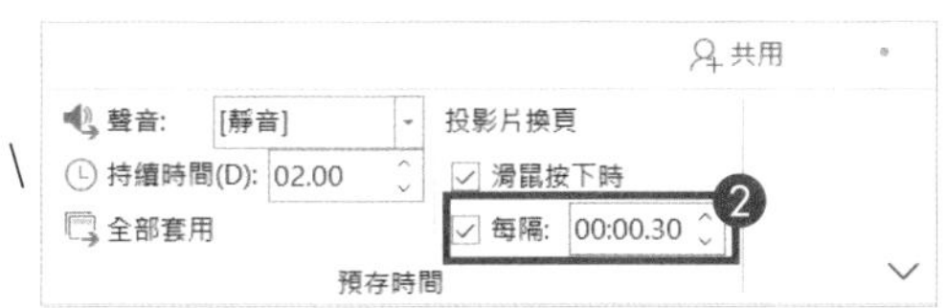

3 在【插入】頁籤的功能區中選擇【音訊】-【我個人電腦上的音訊】，插入準備好的音訊。

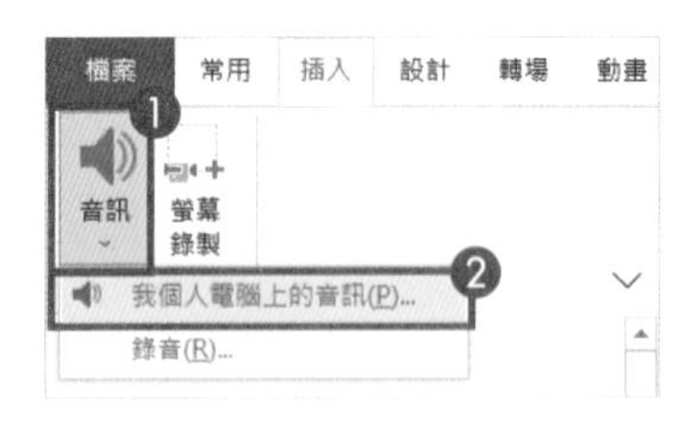

4 選取小喇叭圖示，在【播放】頁籤功能區的【音訊選項】群組中設定【開始】為【自動】，勾選【跨投影片撥放】和【放映時隱藏】兩個選項。

5 按一下【檔案】頁籤，在彈出的功能表中選擇【匯出】-【建立視訊】。

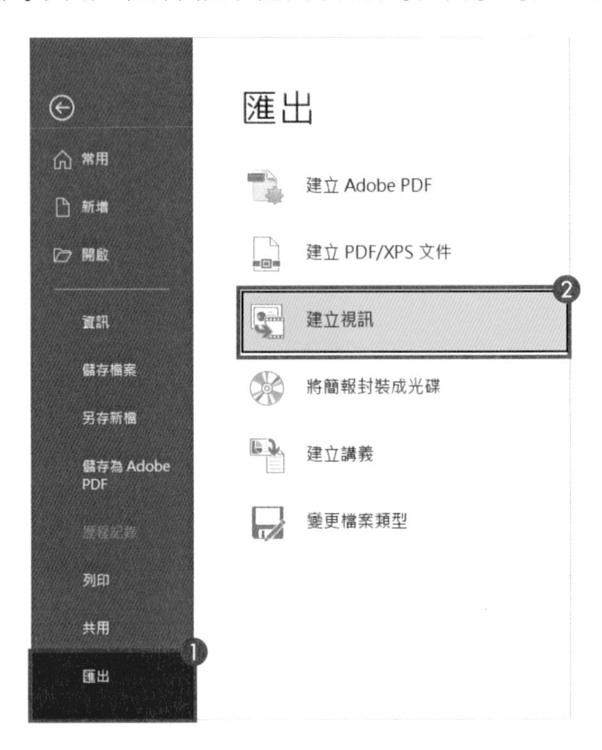

6 選擇影片清晰度為【Full HD（1080p）】，然後按一下【建立視訊】按鈕，稍等片刻，影片就做好了，趕緊看看是不是和影片編輯軟體製作的快閃影片有一樣的效果！

Chapter 07

06 如何用 PPT 製作倒數計時動畫特效？

還在為了不會用影片編輯軟體製作倒數計時影片而發愁嗎？別難為自己了，使用 PPT 就能做出超豪華的動態倒數計時效果！

1 在【插入】頁籤的功能區中按一下【圖片】，插入一張適合的背景圖片，再按一下【文字方塊】，輸入數字「5」。

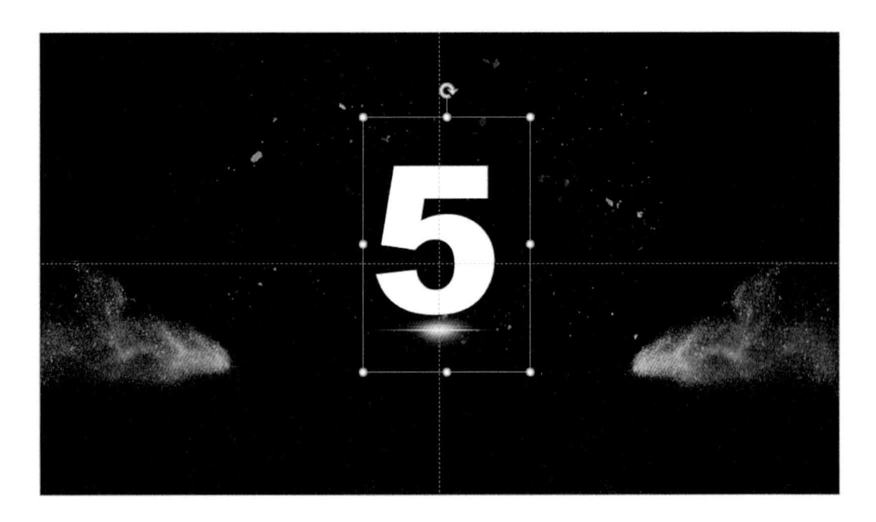

2 在文字方塊上按一下滑鼠右鍵，於彈出的功能表中選擇【設定圖形格式】。

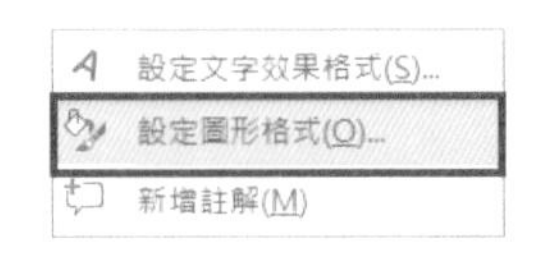

3 在彈出的【設定圖形格式】對話方塊中，按一下【文字選項】-【圖片或材質填滿】-【插入】按鈕，導入準備好的金箔紋理圖，文字瞬間就變得金光閃閃。

4 選取文字方塊，在【動畫】頁籤功能區中按一下【動畫】群組中的【縮放】。

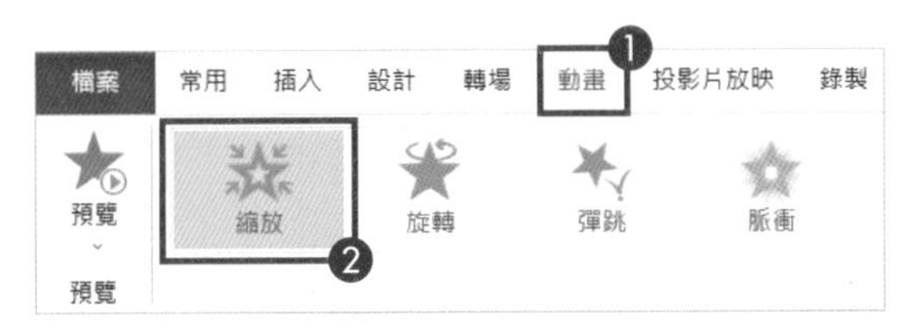

5 設定【縮放】動畫的動畫時間，在【動畫】頁籤的功能區中，將【開始】設定為【隨著前動畫】,【期間】設定為「00.25」。

6 在【轉場】頁籤的功能區中選擇【每隔】選項。

Chapter 7 PPT的創意應用

7 選取投影片，按快速鍵【Ctrl+D】將投影片複製四次，依序修改數字為「4」「3」「2」「1」，按一下【放映】，倒數計時動畫就完成了。

Chapter 07

07 如何用 PPT 製作抽獎轉盤？

抽獎場景很常見，如何用 PPT 製作抽獎轉盤呢？

1 在【插入】頁籤的功能區中按一下【圖表】，在彈出的功能表中選擇【圓形圖】，插入圓形圖，並調整參數和色彩。

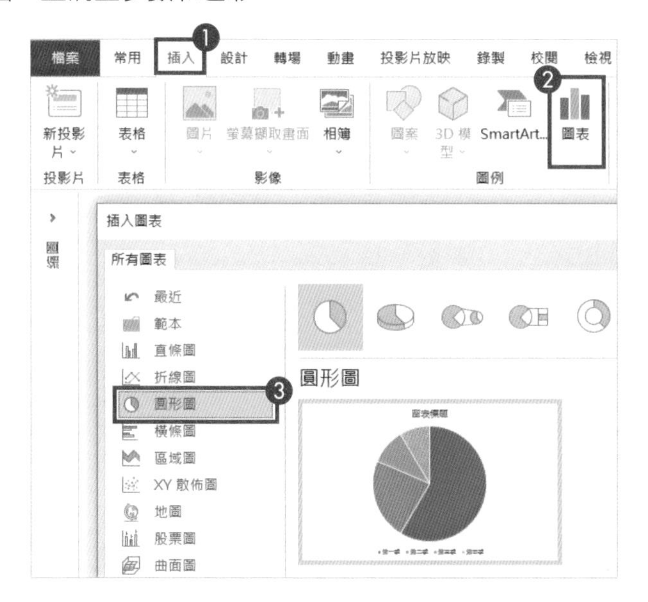

2 選取圓形圖後，按一下圓形圖右上角的【+】，將【圖表標題】和【圖例】選項取消勾選。

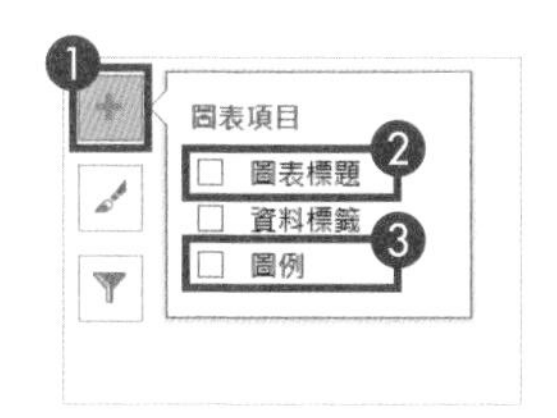

3 在圖表上按一下滑鼠右鍵，於彈出的功能表中選擇【複製】。

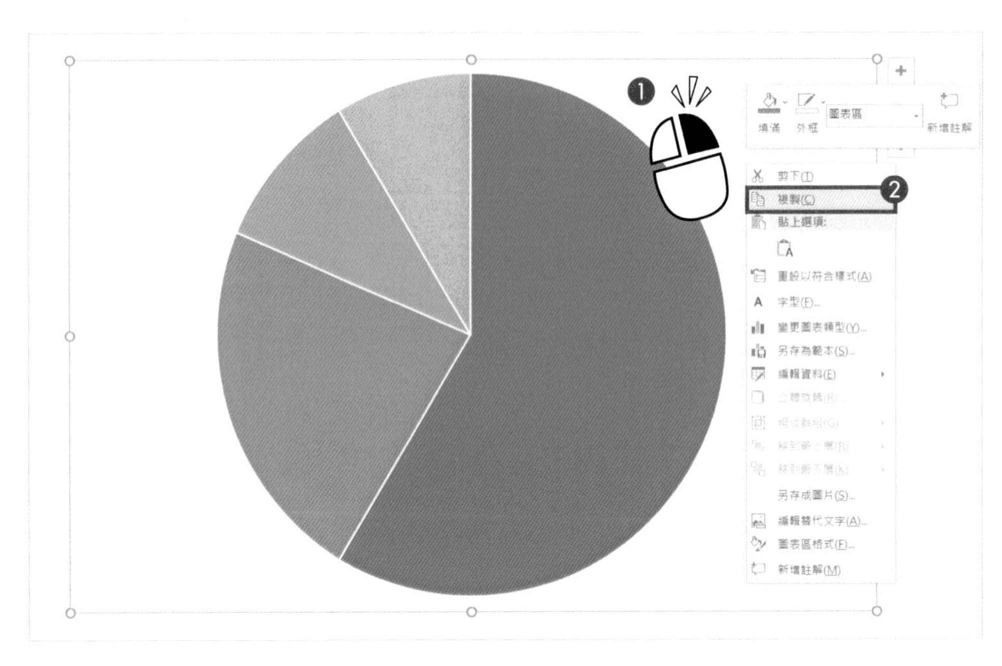

4 在【常用】頁籤的功能區中選擇【貼上】-【選擇性貼上】，在彈出的對話方塊中設定貼上類型為【圖片（EMF 檔）】。

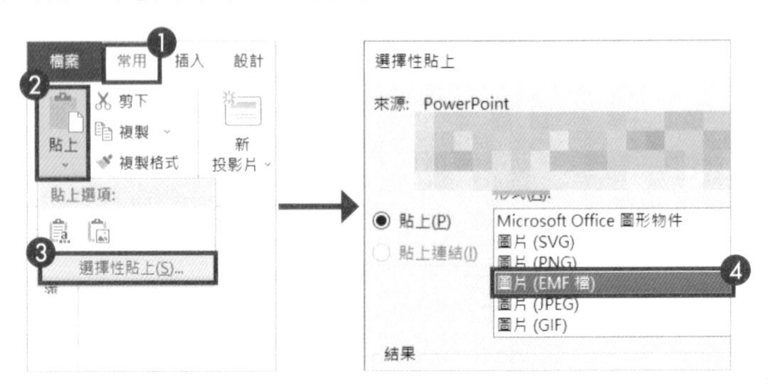

5 在圓形圖上按一下滑鼠右鍵，選擇【組成群組】-【取消群組】兩次，選取多餘的透明矩形，按【Delete】鍵刪除；在【插入】頁籤的功能區中按一下【文字方塊】，插入文字方塊，並加入獎項名稱。

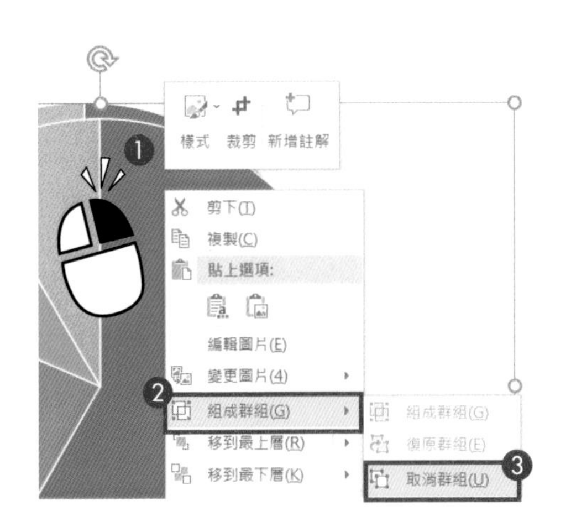

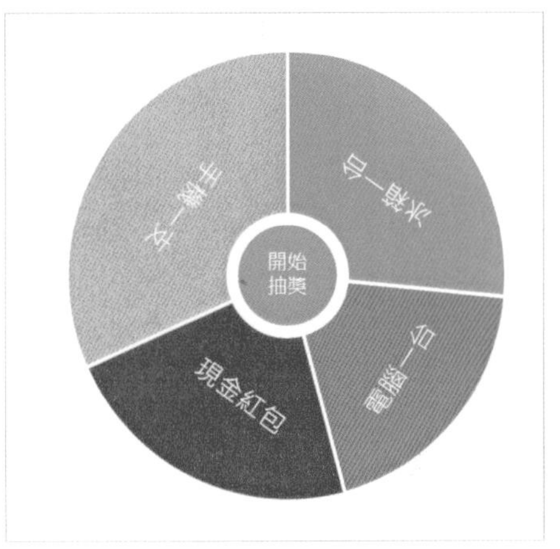

6 按快速鍵【Ctrl+A】選取所有內容，按快速鍵【Ctrl+G】將其組合在一起。

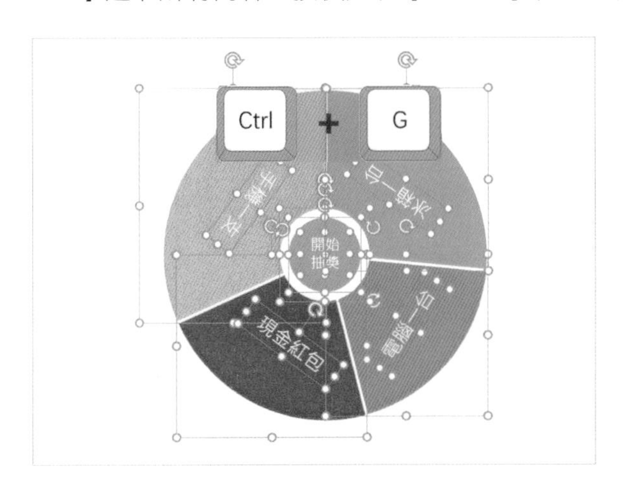

7 選取輪盤，在【動畫】頁籤的功能區中按一下【陀螺轉】。

8 在【動畫】頁籤的功能區中按一下【動畫窗格】，在對應動畫上按一下滑鼠右鍵選擇【時間】。

9 在彈出的對話方塊中設定【期間】為【1 秒（快）】，【重複】為【直到最後一張投影片】。

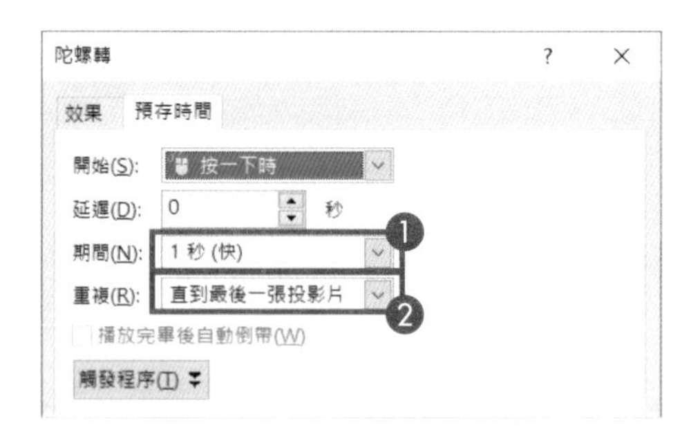

10 最後在【插入】頁籤的功能區中按一下選擇【圖案】，選擇【等腰三角形】，加上一個倒三角形作為指標，抽獎轉盤製作完成。

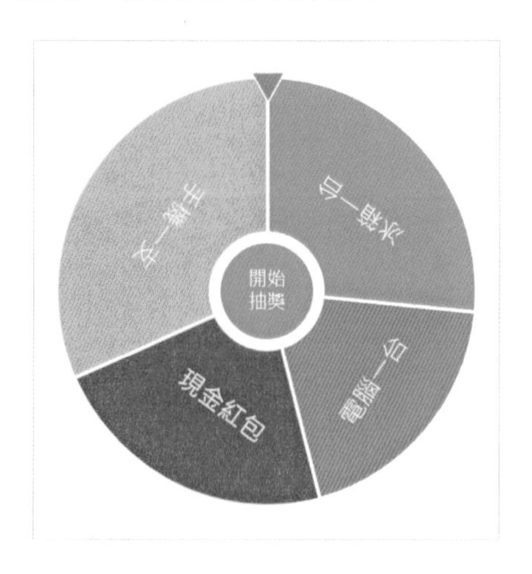

Chapter 07

08 如何用 PPT 製作關鍵字抽籤動畫？

不會程式設計，又想製作一個抽籤小遊戲該怎麼辦？別擔心，用 PPT 就能做到！

1. 在【插入】頁籤的功能區中按一下【文字方塊】，於每頁投影片中分別輸入對應的抽籤內容。

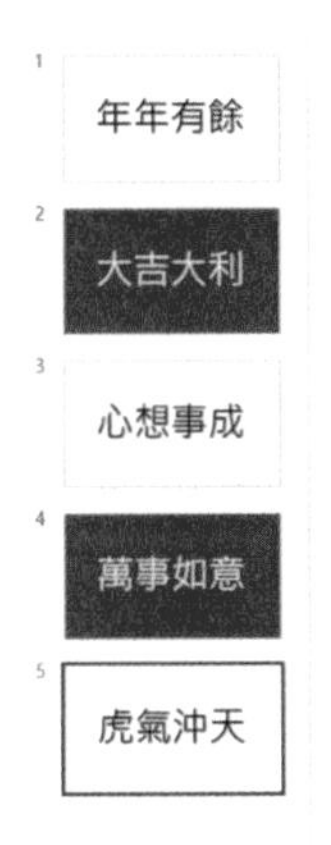

2. 選取第一頁，在【轉場】頁籤的功能區中將【持續時間】設定為「00.01」，再將【每隔】設定為「00:00.01」，按一下【全部套用】按鈕。

3 在【投影片放映】頁籤的功能區中按一下【設定投影片放映】。

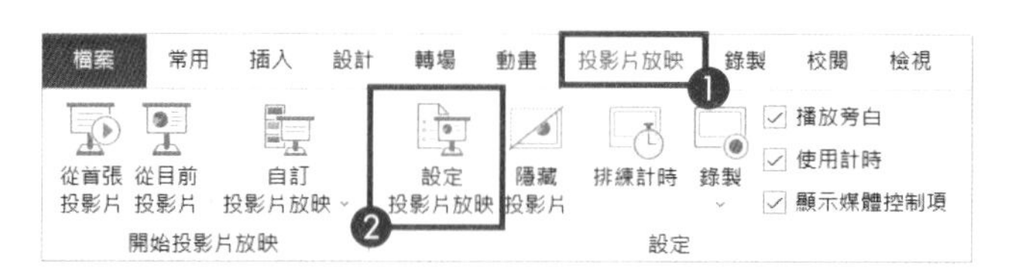

4 在彈出的對話方塊中選擇【連續放映到按下 ESC 為止】，按一下【確定】。

5 按【F5】鍵進行播放，按數字【1】鍵會暫停播放，按空白鍵則會繼續播放，這樣關鍵字抽籤的小動畫就做好了。

Chapter 07

09 如何用 PPT 製作即時投票效果？

公司年終評選「優秀員工」需要一個投票小程式，預算有限且時間緊迫該怎麼辦？別急，使用 PPT 就可以做到！

1 先將候選人的照片排列好，在【插入】頁籤的功能區中按一下【圖案】，在彈出的功能表中選擇【矩形：圓角】，在每個候選人照片下面複製多個圓角矩形。

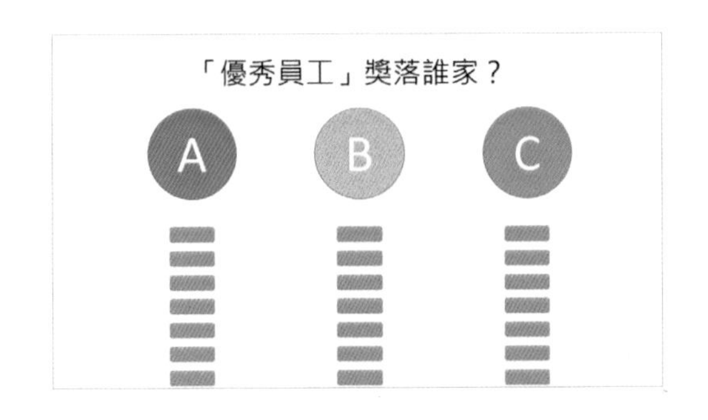

2 選取第一欄最下面的圓角矩形，在【動畫】頁籤中按一下【出現】。

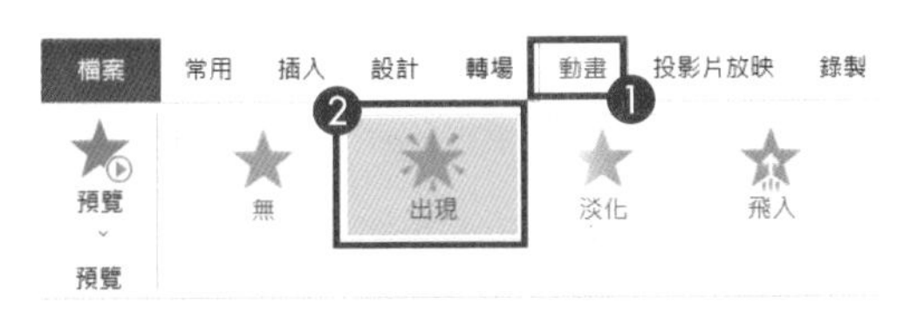

3 按兩下【複製動畫】，依序自該欄由下往上點選圓角矩形，將所有的圓角矩形都加上動畫，按【Esc】鍵退出【複製動畫】狀態。

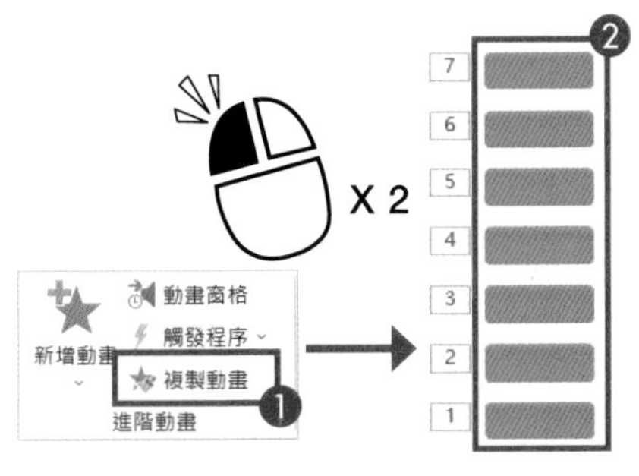

4 選取其中一位候選人照片下整排圓角矩形，按一下【動畫】頁籤中的【觸發程序】，在彈出的功能表中選擇【按一下時】，在下拉列表中選擇這位候選人圖片的名稱。依相同步驟對其他人員下面的圓角矩形設定【觸發程序】條件為【按一下時】，選擇對應的候選人照片名稱。

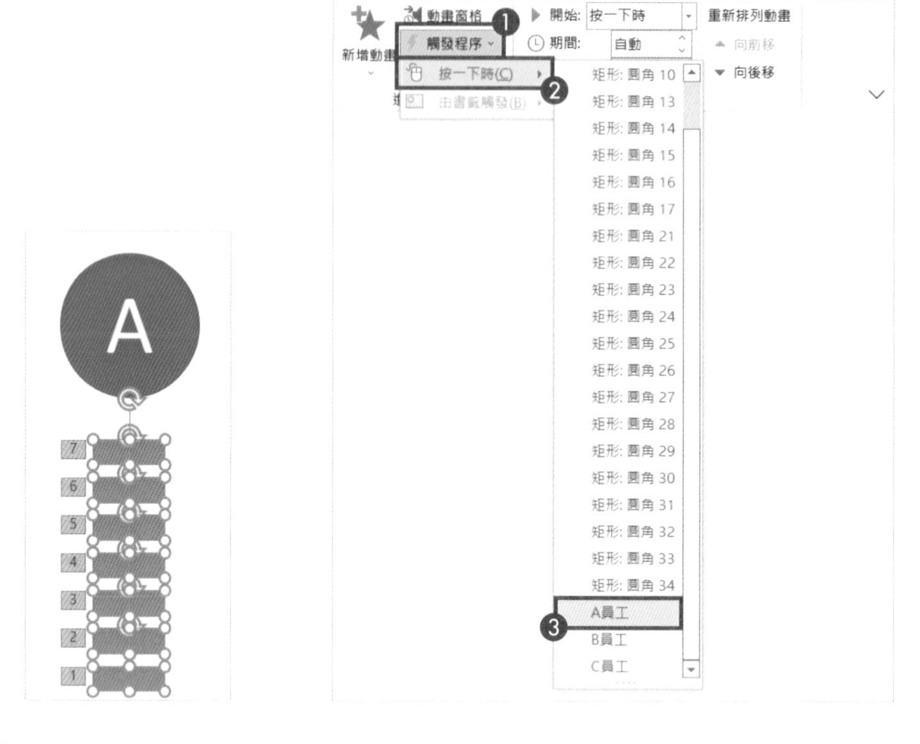

5 按【F5】鍵進行放映，參加者每獲得一票，就按一下對應的照片，下面的票數會出現一個圓角矩形，這樣即時投票小程式就完成了，是不是非常簡單？

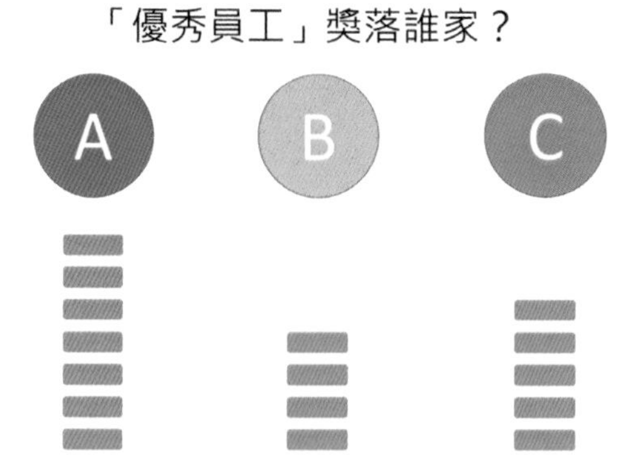

Chapter

8

PPT 的創意設計

本章將介紹 PPT 的創意頁面設計，用簡單實用的技巧製作 DM，效果足以驚豔全場。

Chapter 08

01 如何用 PPT 製作充滿文藝風格的意境圖？

一提到優美的圖片，很多人第一時間就會想到 Photoshop，其實用 PPT 也能製作出充滿文藝感的意境圖。學會這個小技巧，瞬間就能讓 PPT 的質感倍增！

1 在【插入】頁籤的功能區中按一下【圖案】，選擇【矩形：圓角】。

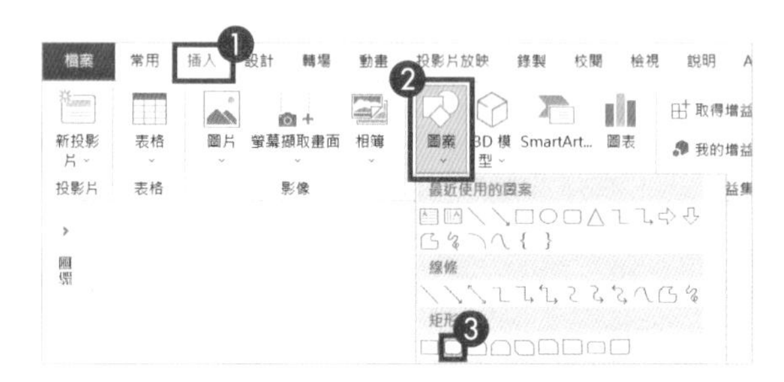

2 按住滑鼠左鍵拖曳圓角的控點，調整圓角至最大，並旋轉角度。

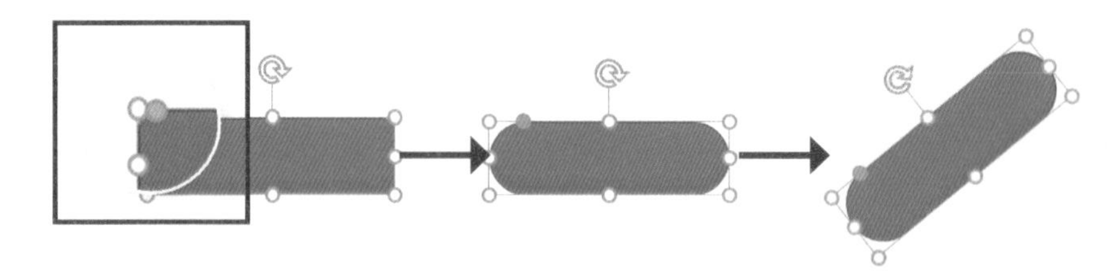

3 按快速鍵【Ctrl+C】和【Ctrl+V】多次以批次複製圓角矩形，並調整部分圓角矩形的位置和大小，全選所有內容後，按快速鍵【Ctrl+G】組成群組。

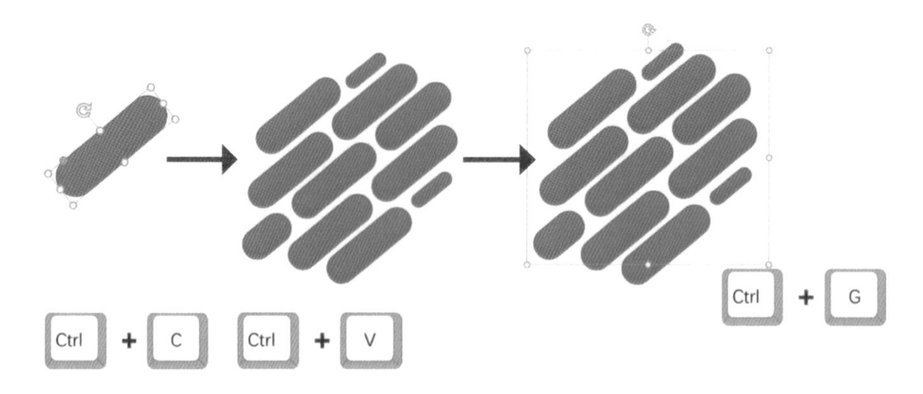

4 選取組成群組後的形狀，在該形狀上按一下滑鼠右鍵，於彈出的功能表中選擇【設定圖片格式】。

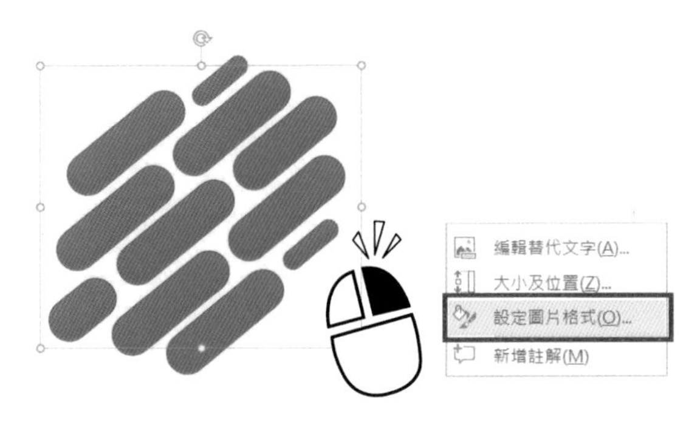

5 在彈出的對話方塊中選擇【填滿】-【圖片或材質填滿】選項，按一下【插入】按鈕。

6 在彈出的對話方塊中選擇【從檔案】，開啟檔案總管，找到需要的圖片並插入。

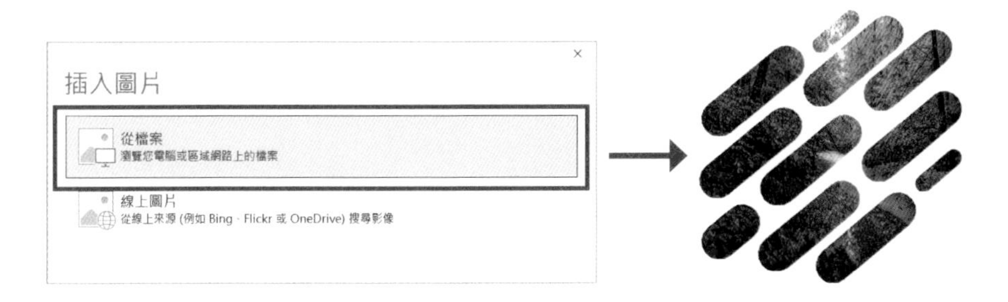

7 選取組成群組後的形狀，在【圖形格式】頁籤的功能區中選擇【圖案外框】-【無外框】選項，去掉圖案的邊框。

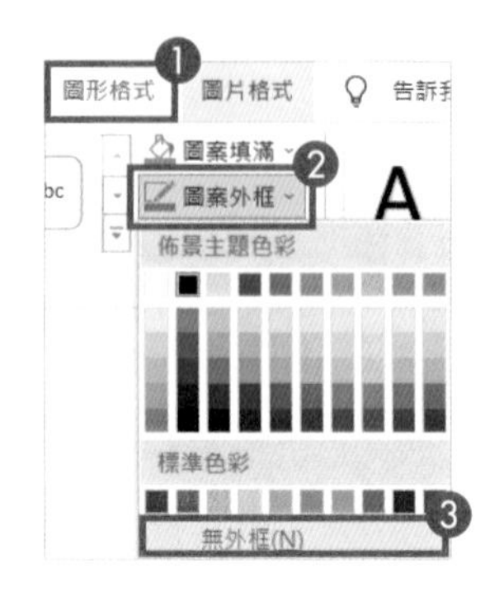

8 在【插入】頁籤的功能區中按一下【文字方塊】，在空白處新增文字方塊，輸入詩詞或句子，調整文字的字型和色彩，就能完成一張充滿文藝感的意境圖。

Chapter 08

02 如何製作立體的圖片排版效果？

製作 PPT 時，我們經常會遇到要在一行放置多張圖片的情況，如果全部縮小的話，會導致頁面上下留白過多。此時可以藉由「立體排版」方式解決留白過多的問題，同時製作出富有空間感的頁面！

1. 選取左側的圖片，按一下滑鼠右鍵，在彈出的功能表中選擇【設定圖片格式】，打開【設定圖片格式】對話方塊。

2. 在【設定圖片格式】對話方塊中選擇【立體旋轉】群組，於【預設】下拉清單中選擇【透視圖】群組中的【透視圖：右側】。

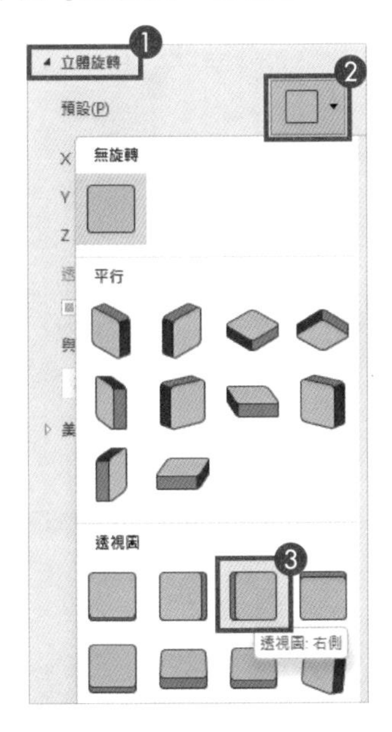

3 把【透視圖】參數調整為「75°」，得到向右傾斜的圖片。

4 選擇右側的圖片，重複步驟 1 和步驟 2 的操作，選擇【透視圖：左側】選項，重複步驟 3 的操作，製作出向左傾斜的圖片。

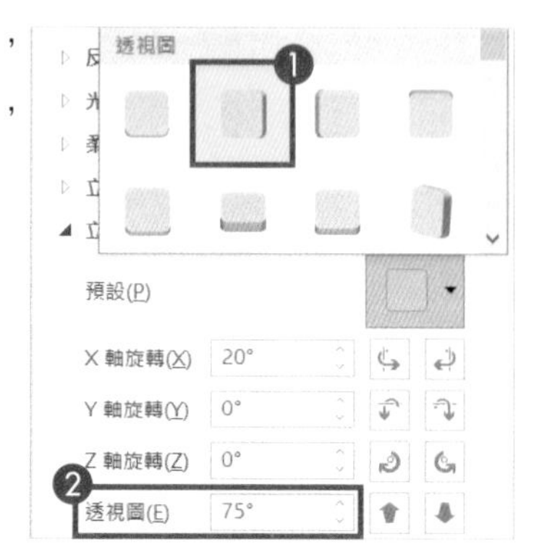

5 調整三張圖片的大小，呈現出立體的圖片排版效果，接著在【插入】頁籤的功能區中按一下【文字方塊】，輸入文字，設定圖片邊框和背景等細節，一張充滿空間感的頁面設計就完成了。

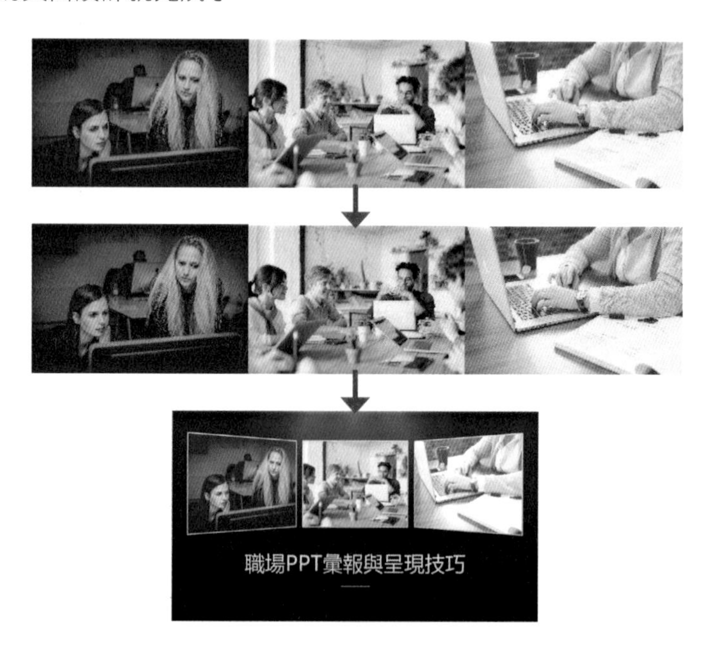

Chapter 08 03 如何製作圖片雙重曝光的效果？

沒有 Photoshop 要如何製作出具有質感的雙重曝光效果？其實 PPT 也能做到。

1 .Office 365 版本的示範

1 在 PPT 中插入森林背景圖片和已去背的人物圖片，選取人物圖片，在圖片上按一下滑鼠右鍵，於彈出的功能表中選擇【設定圖片格式】。

2 在【設定圖片格式】窗格中按一下【圖片】，將【圖片透明度】數值設定為「65%」（數值可自行調整），即可得到雙重曝光效果。

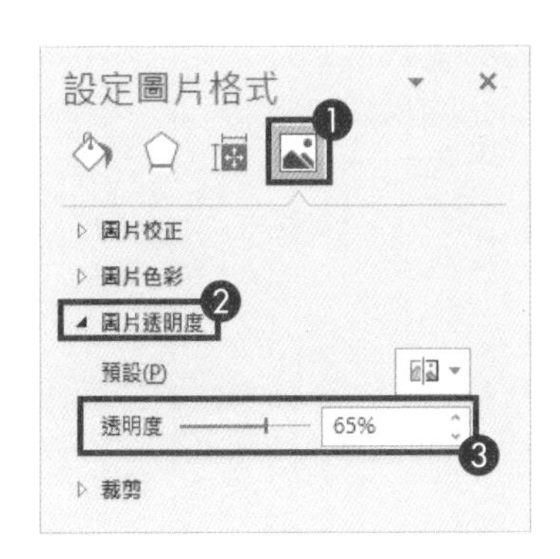

2. 非 Office 365 版本的示範

1 在【插入】頁籤的功能區中選擇【圖案】中的【矩形】，插入一個和人物圖片大小相同的矩形。

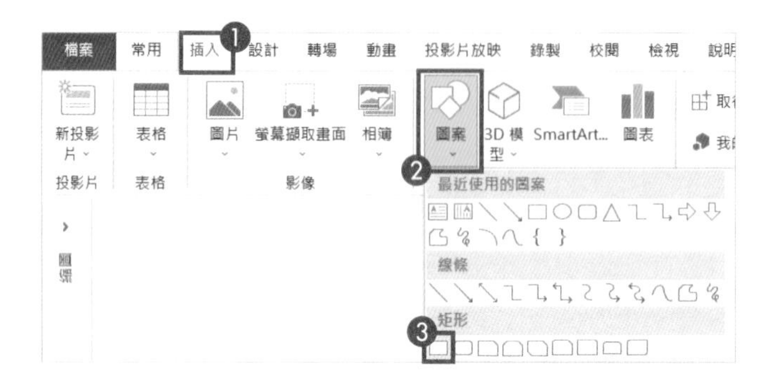

2 選取人物圖片，按快速鍵【Ctrl+X】剪下，在矩形上按一下滑鼠右鍵，於彈出的功能表中選擇【設定圖形格式】。

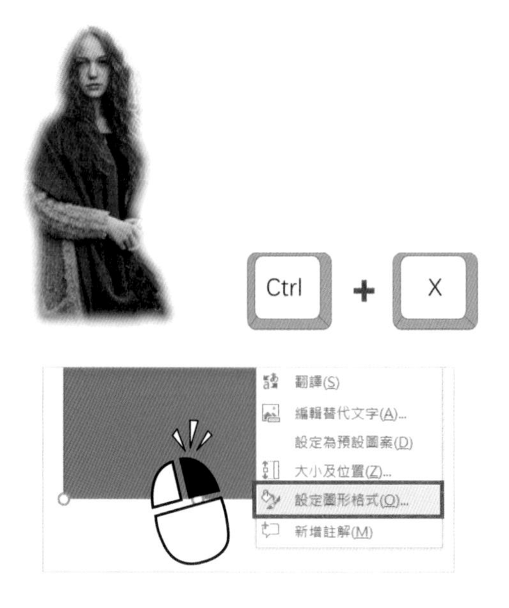

Part 4 PPT 創意設計

3 在彈出的對話方塊中按一下【填滿】-【圖片或材質填滿】-【剪貼簿】按鈕，就能用人物圖片填滿矩形。

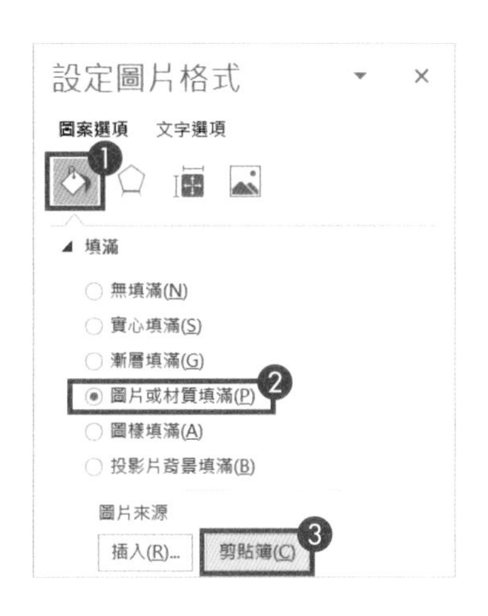

4 將【透明度】數值設定為「65%」(數值可自行調整)，即可得到雙重曝光效果。

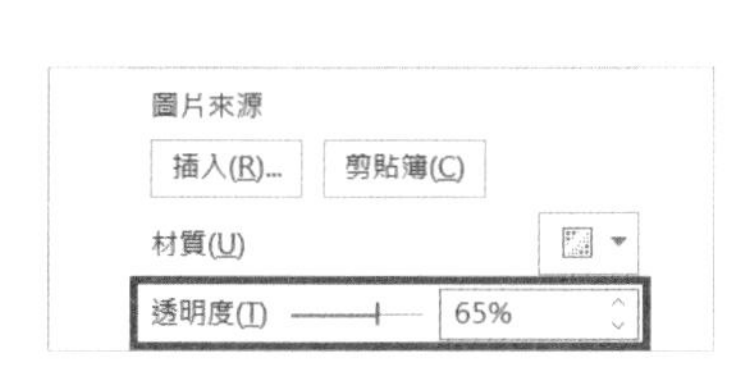

5 在 PPT 頁面右側加上文字，調整色彩，就能用雙重曝光效果做出有質感的頁面。

Chapter 8 PPT 的創意設計

Chapter 08

04 如何製作出倒影效果？

如何製作出各大影音平台流行的倒影圖片？使用 PPT 就可以輕鬆搞定，讓你立即拍出水邊倒影效果！

1 按一下選取圖片，按快速鍵【Ctrl+C】【Ctrl+V】進行複製、貼上，選取複製後的圖片，在【圖片格式】頁籤的功能區中選擇【旋轉】-【垂直翻轉】，把兩張圖片擺放在一起，即可得到對稱的效果。

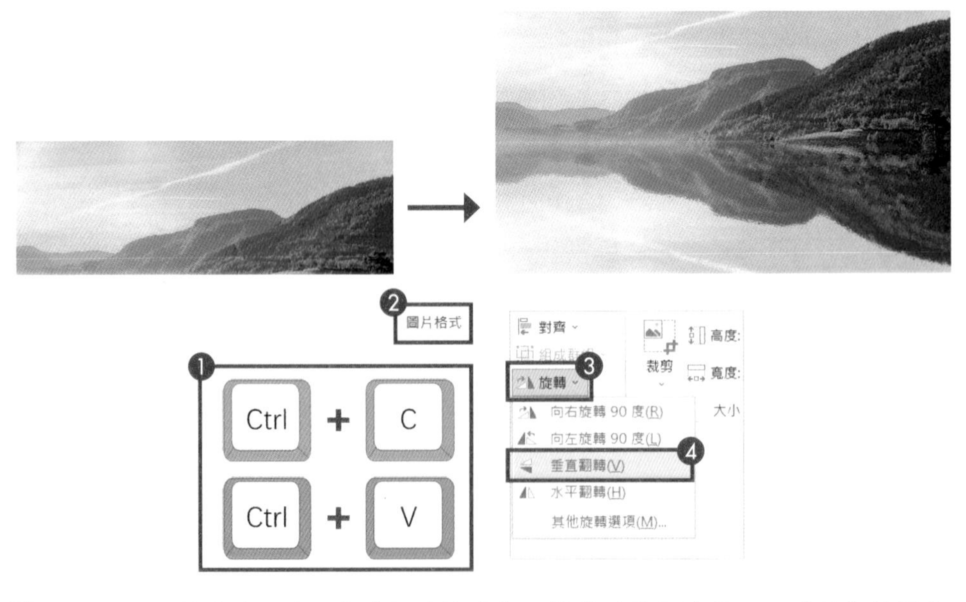

2 選取垂直翻轉後的圖片，在【圖片格式】頁籤的功能區中按一下【美術效果】，在下拉清單中選擇【玻璃】選項。

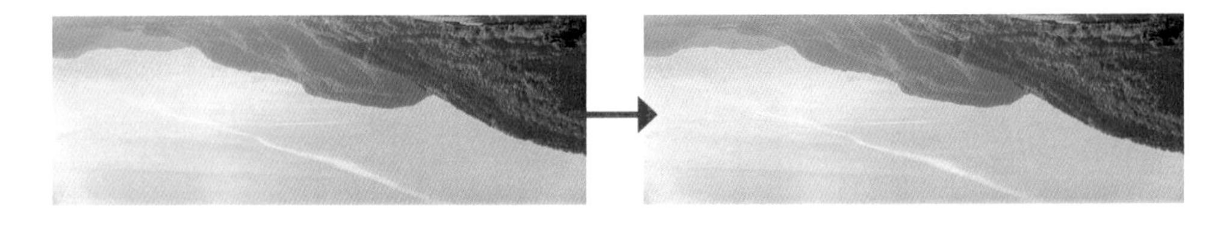

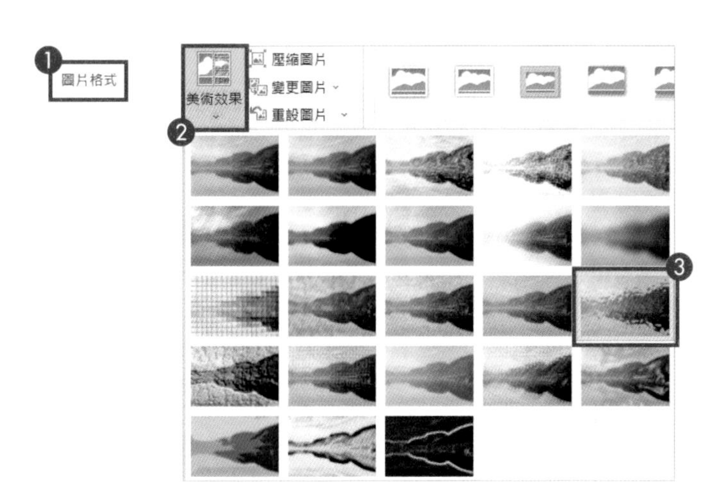

3 將兩張圖片擺放在一起，按快速鍵【Ctrl+G】組成群組，調整組成群組後的圖片大小和位置，即可得到有著倒影效果的圖片。

Ctrl + G

Chapter 08

05 如何製作出按讚數高的社群海報？

想製作按讚數高的社群海報，卻不會使用 Photoshop ？別怕，PPT 也能幫你搞定！

1 在【設計】頁籤的功能區中按一下【投影片大小】，在彈出的功能表中選擇【自訂投影片大小】。

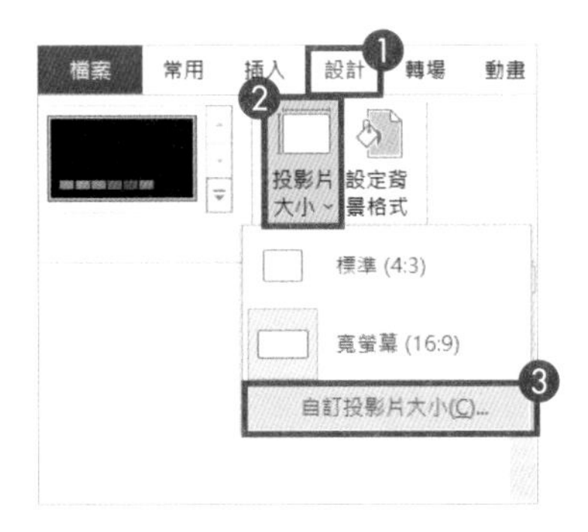

2 在彈出的【投影片大小】對話方塊右側，於【方向】群組中設定【投影片】為【直向】，【備忘錄、講義、大綱】為【直向】，即可改變畫布方向。

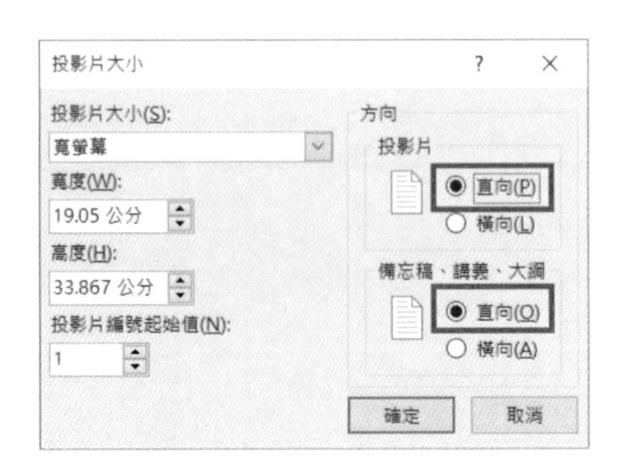

3 點選事先準備好的圖片，按快速鍵【Ctrl+C】複製，把墨跡形狀放大至能覆蓋圖片的尺寸，適當旋轉調整位置後按一下滑鼠右鍵，在彈出的功能表中選擇【設定圖片格式】。

4 在彈出的對話方塊中按一下【填滿】，選擇【圖片或材質填滿】選項，按一下【剪貼簿】按鈕。

5 在剪貼選項中，取消勾選【隨圖案旋轉】選項，即可得到填滿後的墨跡圖片。

☐ 隨圖案旋轉(W)

6 在【插入】頁籤的功能區中選擇【文字方塊】-【垂直文字方塊】，在頁面右下角加上文字，一張高質感的海報就完成了。

Chapter 08

06 如何製作創意墨跡效果？

前面介紹了如何製作按讚數高的社群海報，相信大家都已經躍躍欲試，但是免費的墨跡素材去哪裡下載似乎成了一個問題。事實上，利用 PPT 內建的文字方塊就可以做出墨跡效果與創意墨跡海報。

1 在【設計】頁籤的功能區中按一下【投影片大小】，在下拉選單中選擇【自訂投影片大小】。

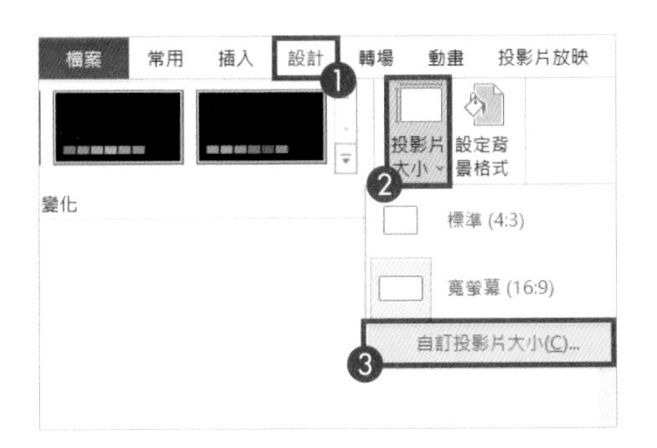

2 在彈出的【投影片大小】對話方塊右側，於【方向】群組中設定【投影片】為【直向】，【備忘錄、講義、大綱】為【直向】，即可改變畫布方向。

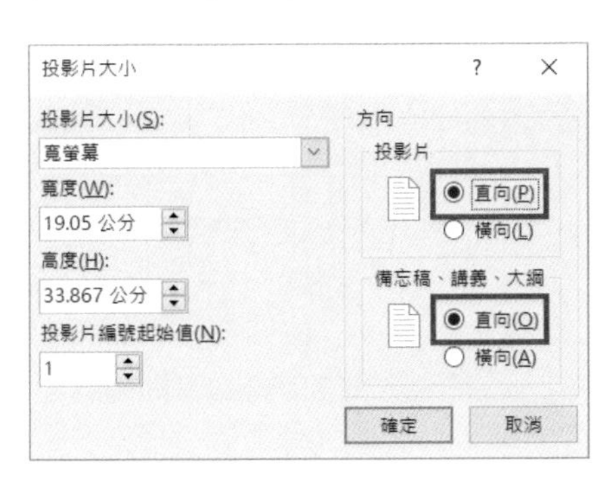

3 在【插入】頁籤的功能區中按一下【文字方塊】，輸入大寫字母「I」。

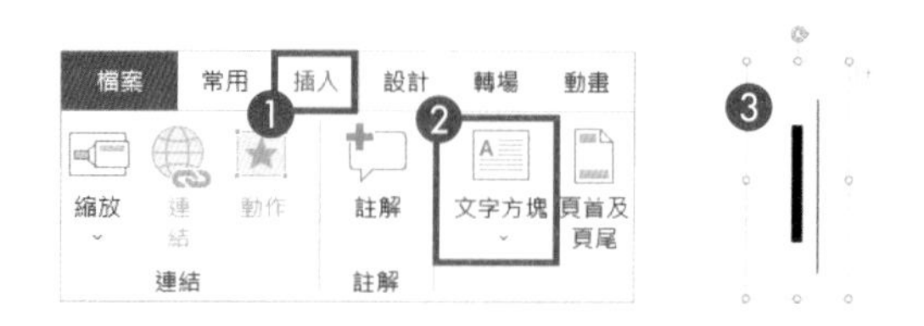

4 修改字型為「Road Rage」，重複按一下【放大字型】按鈕，把字母調整到合適的大小，即可產生墨跡筆畫。

5 按快速鍵【Ctrl+C】進行複製，再按快速鍵【Ctrl+V】多次進行貼上，調整筆畫的位置，得到較粗的墨跡形狀。

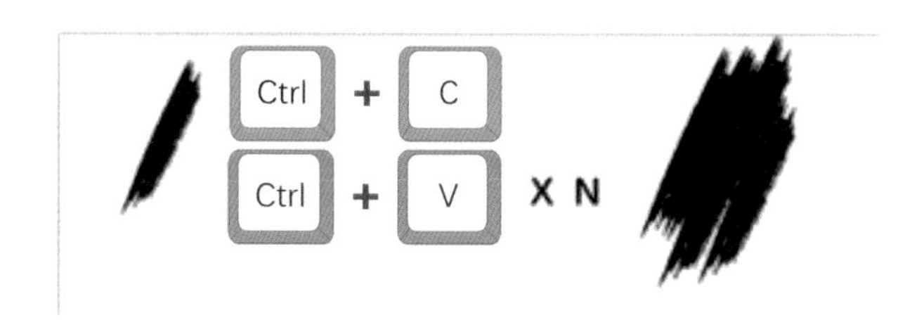

6 選取墨跡形狀，在【圖形格式】頁籤的功能區中選擇【合併圖案】-【合併】，得到合併後的墨跡形狀。

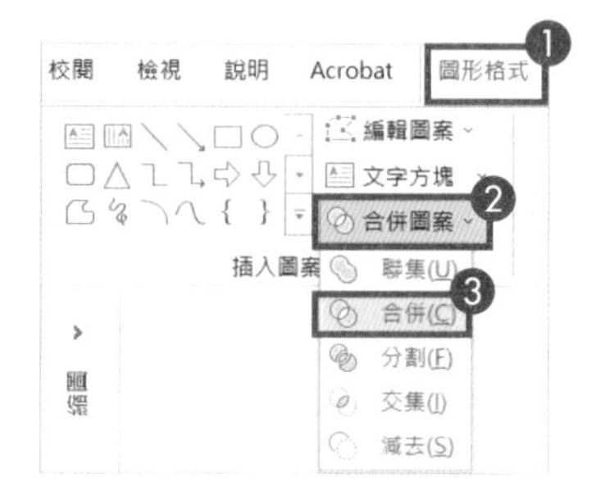

7 按一下事先準備好的圖片，按快速鍵【Ctrl+C】進行複製，把墨跡形狀放大，在圖片上按一下滑鼠右鍵，於彈出的功能表中選擇【設定圖片格式】。

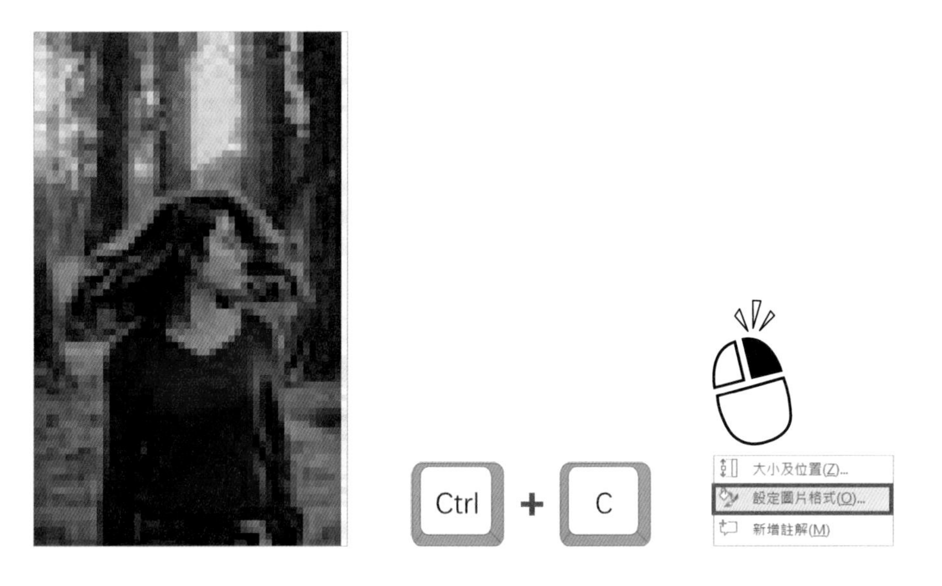

8 在彈出的面板中按一下【填滿】，在【填滿】群組選擇【圖片或材質填滿】選項，按一下【剪貼簿】按鈕，就會產生填滿後的墨跡圖片。

9 在【插入】頁籤的功能區中按一下【文字方塊】，在頁面左上角加上文字，即可完成創意墨跡海報。

Chapter 08

07 如何利用文字分割製作創意海報？

我們在海報設計中經常會看到把筆畫拆開之後再做二次設計的處理手法，這樣的手法能讓海報更有質感。以下將介紹在 PPT 中如何利用文字分割製作出創意滿滿的海報。

1 在【插入】頁籤的功能區中按一下【文字方塊】，插入文字方塊，輸入文字「贏」，選擇一個好看的字型，適當調整文字大小。

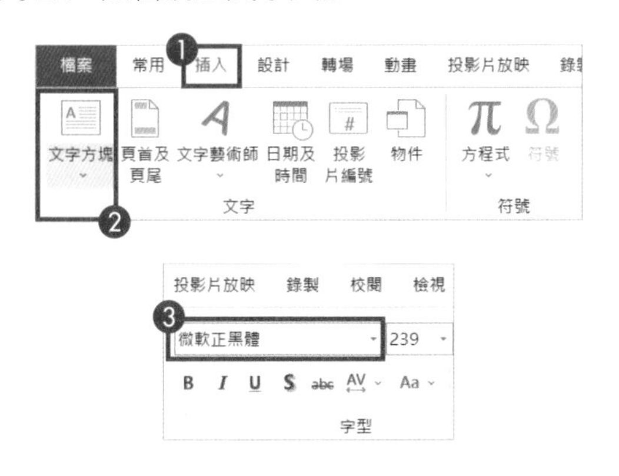

2 在【插入】頁籤的功能區中按一下【圖案】，在彈出的功能表中選擇【矩形】，插入一個矩形。

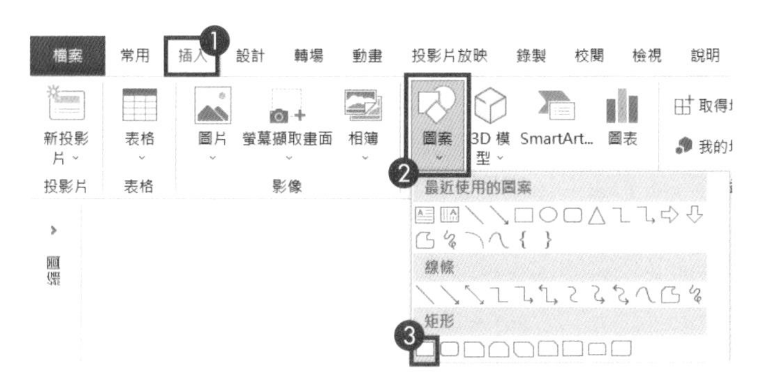

3 同時選取文字和矩形，在【圖形格式】頁籤的功能區中選擇【合併圖案】-【分割】，即可得到分割後的形狀。

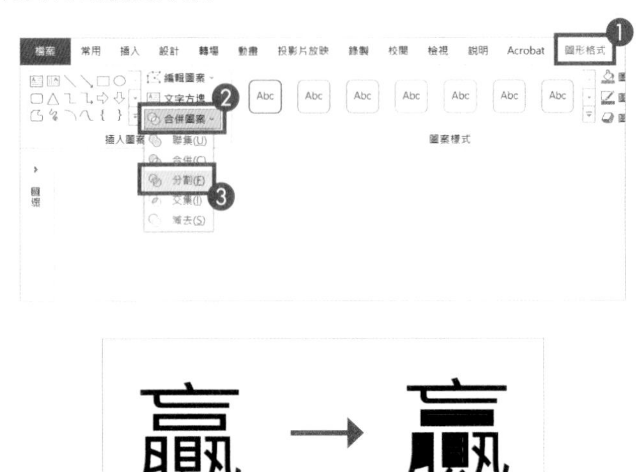

4 選取文字中多餘的黑色色塊和矩形，按【Delete】鍵刪除，得到分割筆畫後的文字形狀。

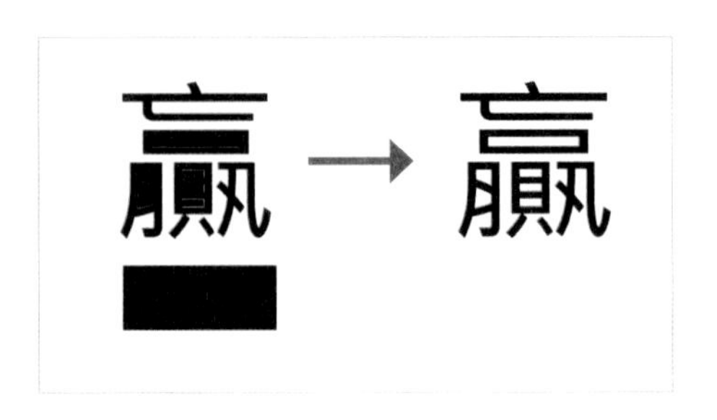

5 調整分割後的各個文字部位大小和傾斜角度，在【插入】頁籤的功能區中按一下【文字方塊】，輸入其餘文字和標題，修飾並調整版面，一張創意十足的海報設計就完成了。

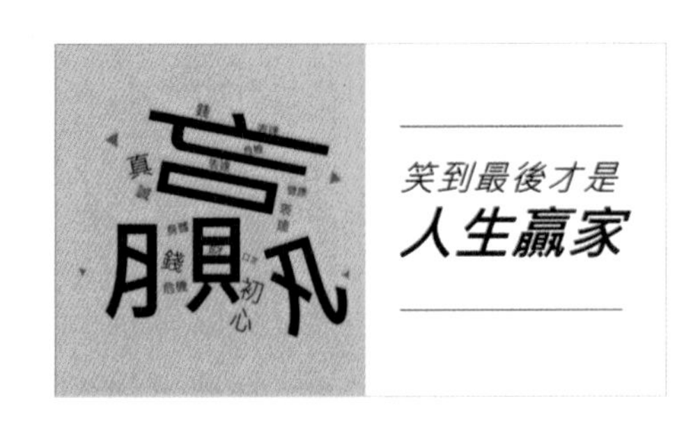

Chapter 08

08 如何利用模糊文字效果打造高科技感？

製作包含大量文字的投影片時，可以利用模糊文字的方式營造空間感，提升視覺效果。一起來瞭解該如何操作吧！

1 在【插入】頁籤的功能區中按一下【文字方塊】，輸入頁面中需要的文字，按快速鍵【Ctrl+A】全選文字方塊，再按快速鍵【Ctrl+G】將文字方塊組成群組。

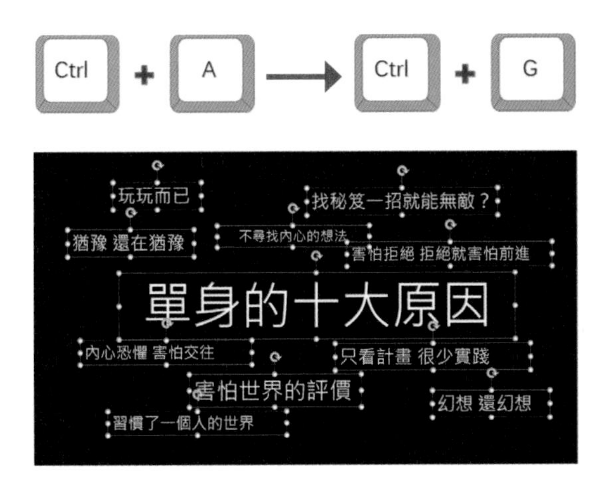

2 按快速鍵【Ctrl+C】複製組成群組後的文字，接著按一下滑鼠右鍵，在彈出的功能表中選擇【貼上選項】-【貼上為圖片】。

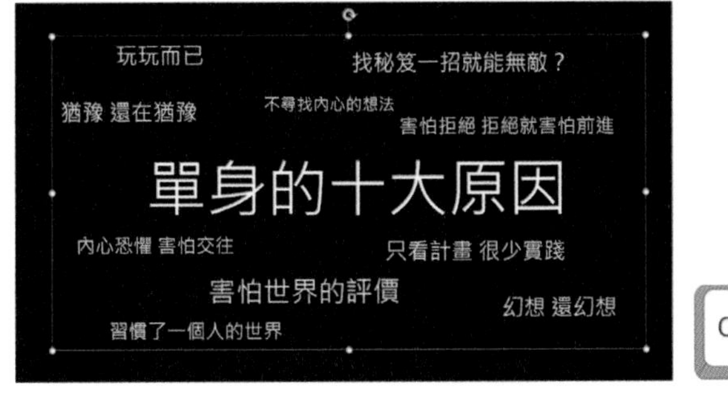

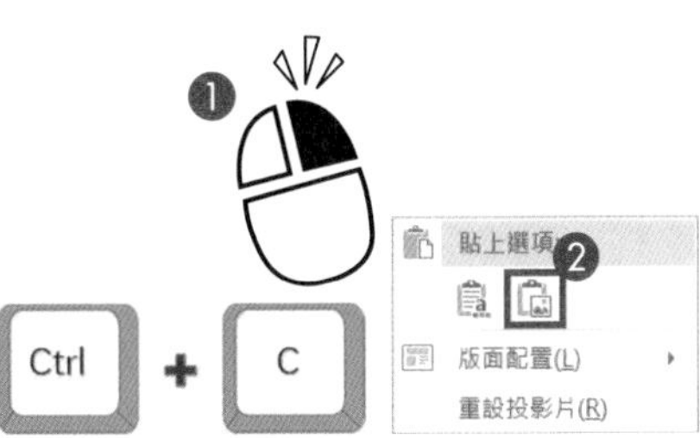

3 選取貼上後的圖片，在【圖片格式】頁籤的功能區中按一下【美術效果】，在彈出的功能表中選擇【模糊】，並在功能表下方選擇【美術效果選項】。

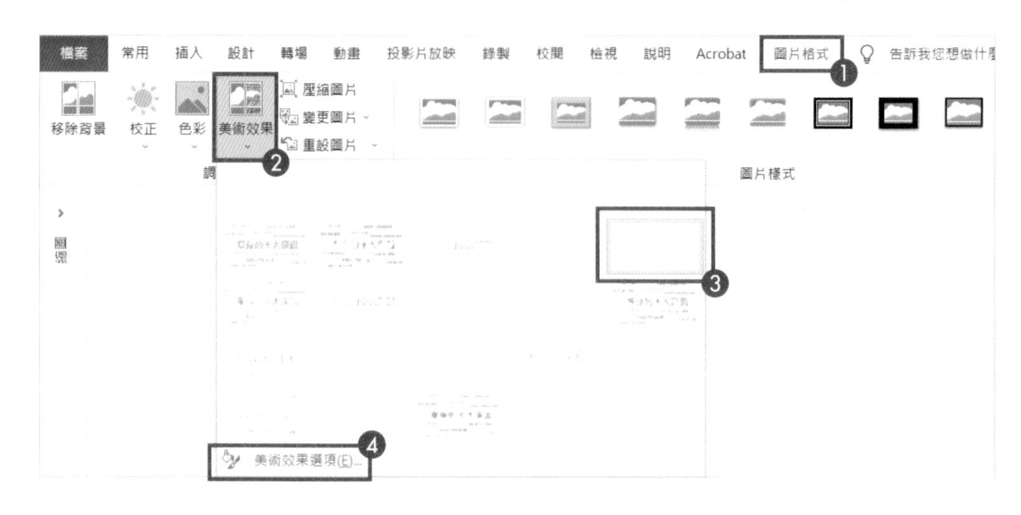

4 在【設定圖片格式】窗格中選擇【效果】-【美術效果】，將【半徑】的數值調整為「30」，得到模糊後的圖片。

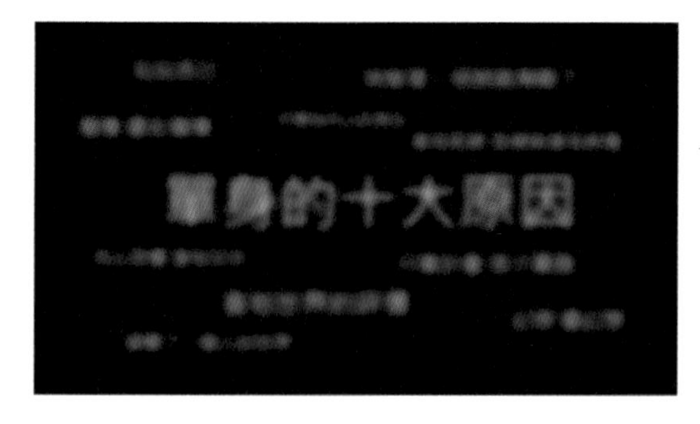

5 選取模糊後的圖片，在【圖片格式】頁籤的功能區中按一下【色彩】，在彈出的功能表中選擇【重新著色】-【藍色，強調色 1 深色】。

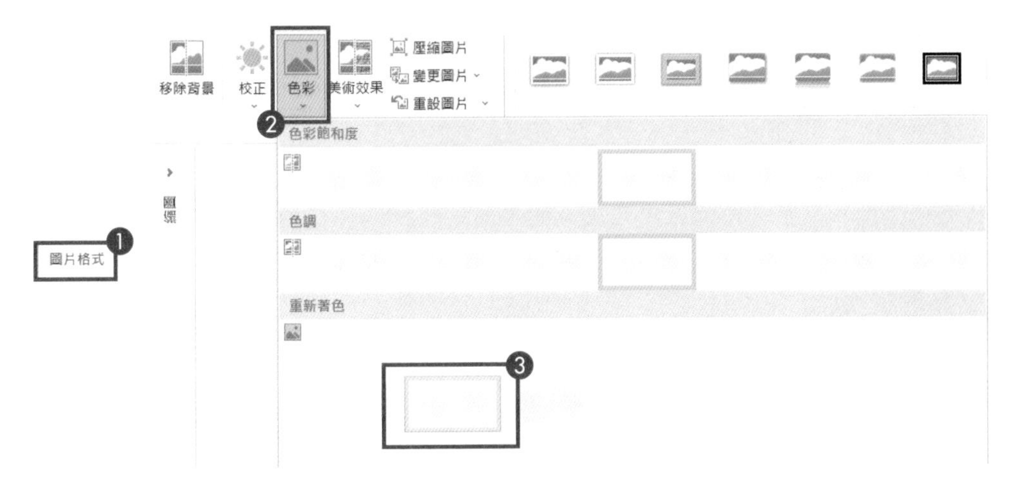

6 把處理後的圖片複製到未調整文字的初始頁面，調整圖片的大小和位置；在圖片上按一下滑鼠右鍵，於彈出的功能表中選擇【移到最下層】，即可得到模糊的文字效果。

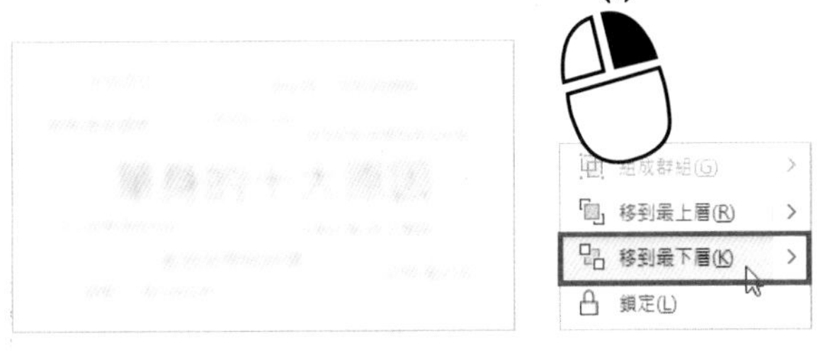

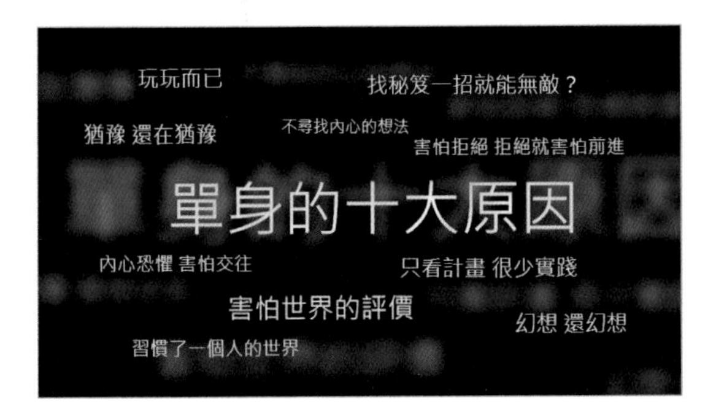

Chapter 08

09 如何利用表格製作高質感的封面？

只有一張圖和文字，如何做出高質感的封面？善用 PPT 內建的表格，就能輕鬆完成高質感的封面，一起來練習吧！

1 在【插入】頁籤的功能區中按一下【表格】，選擇「5×4」的表格並插入。

2 將滑鼠游標移到表格右下角，按住滑鼠左鍵，當看到十字標誌時，往右下角拖曳，將表格調整成和事先選擇好的圖片一樣的大小。

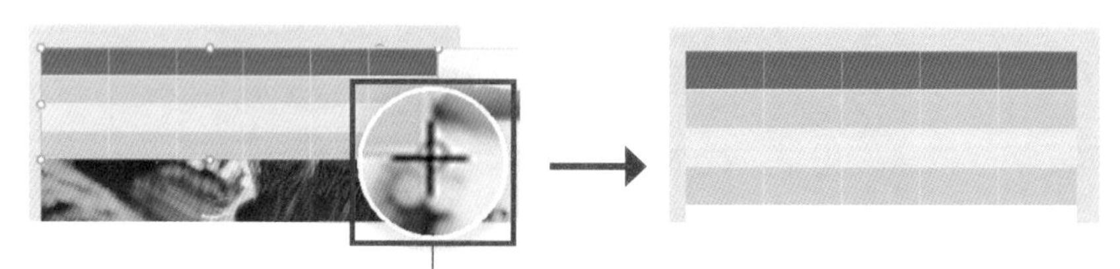

3 選取表格後按一下滑鼠右鍵，在彈出的功能表中選擇【移到最下層】。

4 選取圖片，按快速鍵【Ctrl+X】剪下，選取整個表格，按右鍵，在彈出的功能表中選擇【設定圖形格式】。

5 在彈出的對話方塊中選擇【填滿】-【圖片或材質填滿】，圖片來源選擇【剪貼簿】，並選擇下方的【將圖片砌成紋理】，得到填滿圖片後的表格。

6 將滑鼠游標移至其中一個儲存格中，在【表格設計】頁籤中按一下【網底】，將色彩改為「白色」，隨機挑選幾個儲存格進行相同處理。

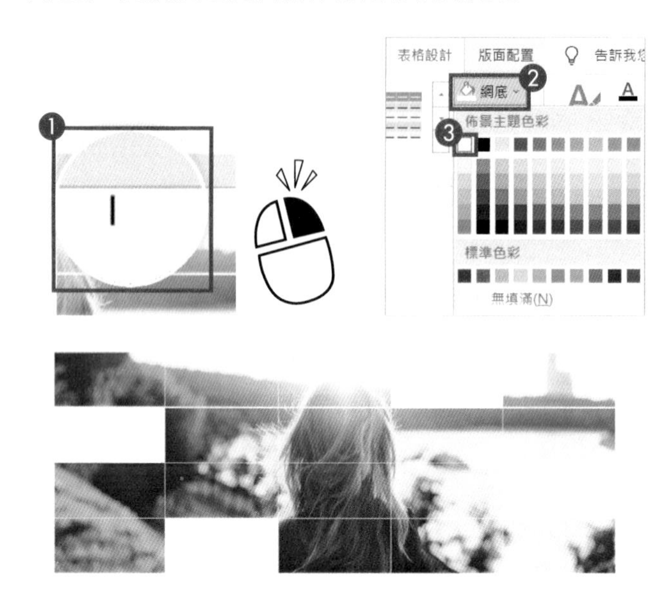

7 加上文字、線條和形狀，一張高質感的封面就完成了。

秒懂 PPT｜實戰技巧 x 特效運用 x 創意設計

作　　者：秋葉 / 趙倚南
審　　校：吳嘉芳
企劃編輯：莊吳行世
文字編輯：王雅雯
設計裝幀：張寶莉
發 行 人：廖文良

發 行 所：碁峰資訊股份有限公司
地　　址：台北市南港區三重路 66 號 7 樓之 6
電　　話：(02)2788-2408
傳　　真：(02)8192-4433
網　　站：www.gotop.com.tw
書　　號：ACI035500
版　　次：2022 年 03 月初版
　　　　　2024 年 08 月初版四刷
建議售價：NT$380

國家圖書館出版品預行編目資料

秒懂 PPT：實戰技巧 x 特效運用 x 創意設計 / 秋葉, 趙倚南原著；吳嘉芳譯. -- 初版. -- 臺北市：碁峰資訊, 2022.03
面；　公分
ISBN 978-626-324-126-8(平裝)
1.CST：簡報
494.6　　111002951

本書是根據寫作當時的資料撰寫而成，日後若因資料更新導致與書籍內容有所差異，敬請見諒。若是軟、硬體問題，請您直接與軟、硬體廠商聯絡。